粤动阅美
系列图书

鲮鲤

THE FOREST DEFENDER

森林卫士

华 彦 张立娜 黄晓南 董晓欣 编著

广东旅游出版社
GUANGDONG TRAVEL & TOURISM PRESS
悦读书·悦旅行·悦享人生
中国·广州

图书在版编目（CIP）数据

鲮鲤 : 森林卫士 / 华彦等编著. -- 广州 : 广东旅游出版社, 2024. 12. -- ISBN 978-7-5570-3429-0

Ⅰ. Q959.835-49

中国国家版本馆 CIP 数据核字第 202452YF43 号

出 版 人：刘志松
策划编辑：陈晓芬
责任编辑：陈晓芬　杨　恬　陈楚璇
装帧设计：林记工作室
创意绘画：熊　萍　大　悦　张欣悦　赵镘娜
责任校对：李瑞苑
责任技编：冼志良

鲮鲤：森林卫士
LINGLI:SENLIN WEISHI

广东旅游出版社出版发行

（广东省广州市荔湾区沙面北街 71 号首层、二层）
邮编：510130
电话：020-87347732（总编室） 020-87348887（销售热线）
投稿邮箱：2026542779@qq.com
印刷：广州市岭美文化科技有限公司
厂址：广州市荔湾区花地大道南海南工商贸易区A幢
开本：787毫米×1092毫米　16开
字数：150 千字
印张：5.5
版次：2024 年 12 月第 1 版
印次：2024 年 12 月第 1 次
定价：58.00元

编委会

主 编

华 彦 张立娜 黄晓南 董晓欣

副主编

陈琳淳 黄 放 叶亚雯 大 悦

目录

穿山甲居住的洞穴里通常会出现干枯的草或者叶子，这是穿山甲为了保暖从外面扒进来的“被子”。如果穿山甲曾经在这个洞穴里养过宝宝，“被子”就更不会少了。

或许是刚享用完蚂蚁大餐洗个澡，又或许是为了逃避一些令甲烦恼的追捕，中华穿山甲悄悄地在水岸边浮现，正在寻找下一个目的地。

我是“指示物种”？

2020年6月，穿山甲属所有种由国家二级保护野生动物升级为国家一级保护野生动物。

II→I

在国内立法层面实施最高级别保护，禁止猎捕、食用和商业性进出口穿山甲，
严格监管其人工繁育、交易、利用、运输、邮寄、进出口活动。

Manis一词源于拉丁语

“Manes”

意为“死者的灵魂”，
在罗马宗教中意为“幽灵”，
指的是穿山甲夜间活动的习性
和它们不寻常的外表。

中华穿山甲分为

3个亚种

分别是分布于中国台湾的指名亚种
Manis pentadactyla pentadactyla
分布于亚洲大陆地区的华南亚种
Manis pentadactyla aurita
分布于中国海南岛的海南亚种
Manis pentadactyla pusilla

穿山甲活动较频繁时段为

约19:00~22:00

中华穿山甲的觅食范围
距离居住洞穴

5~6千米

中华穿山甲
首次繁殖平均年龄为

1~2岁

最大繁殖年龄

15岁

中华穿山甲洞穴的容积约为

0.019立方米

一只雄性中华穿山甲估计有洞穴

>80个

一只成年穿山甲的胃每顿可以容纳蚂蚁

500克

圈养穿山甲的寿命可超过

20岁

一只成年穿山甲可以守护林地

250~450亩

前言

数千年前，人们已经认识了穿山甲，但穿山甲神秘莫测的行踪和生活习性，让人类对于它的认知更多演变为一些充满神秘色彩的传说和故事。近代关于穿山甲的科学认知逐渐发展起来，人们也越来越了解这种有趣的动物。

今天，穿山甲分布在亚洲和非洲的部分地区，这些区域位于赤道附近，相对温暖而且食物充足，让穿山甲可以舒适地生活。但化石的发掘和研究证实了穿山甲是在欧洲起源的，在这千万年间，穿山甲历经艰辛，一路迁徙才到现在的区域。其中中华穿山甲分布在东南亚部分地区，并演变出三个亚种。在这一片舒适的环境中，穿山甲充分展现了其强大的挖洞技能，挖出来的洞既有适应不同季节的冬洞和夏洞，也有食蚁或休息专属的洞穴。这些洞穴结构简单，但细节考究，让人不得不感叹其神奇的创造能力。

穿山甲是森林中一个不折不扣的好邻居。首先，它只吃蚂蚁和白蚁，还能刨松土壤，能很好地维护森林中微妙的生态平衡；其次，虽然它是一身铠甲的“硬汉”模样，但温和低调的性格对其他动物完全没有攻击性，简直就是一位和平主义者；再者，它不停地挖洞，除了自己住，多出来的洞穴还能为很多小动物提供栖身之所。这些行为都让穿山甲在森林中大受欢迎。只要有穿山甲种群的存在，这一片森林就可以称得上是一个健康和谐的生态小社区了。

穿山甲无私地为森林生态作出贡献，也默默地在丛林中繁衍生息。但从穿山甲的发情到求偶，从交配到怀孕，从分娩到育幼，没有一件事情是轻松的，而且因为其特殊的身体构造，穿山甲还容易生病。以上这些对于穿山甲来说都可能是致命打击且只能默默地承受，还好现在人类对于穿山甲的救护越来越专业和有效，穿山甲又悄悄地回来啦！

关于穿山甲的故事还有很多，人类也越来越意识到与自然和平相处的重要性，在大家的努力下，希望穿山甲的未来越来越好。

编委会

夜游

夜色中的丛林总是那么多姿多彩，
中华穿山甲也进入了每晚的活跃期，
除了在领地范围内视察，
它也开始寻找今晚的晚餐。

掘进

每天都忙忙碌碌，
不是在挖洞就是在去挖洞的路上，
挖深洞是为了睡觉，
刨蚁穴是为了吃饱。

浮现

或许是刚享用完蚂蚁大餐洗个澡，
又或许是为了逃避一些令甲烦恼的追捕，
中华穿山甲悄悄地在水岸边浮现，
正在寻找下一个目的地。

山体工程师

心中没有图纸，
手边无须工具，
与生俱来的挖掘本领，
让穿山甲在山里从容安家。

四千万年的迁徙之旅

千万年的奔袭，
穿山甲只为寻找一片舒适的栖息地，
最终来到中国南方安家的，
叫中华穿山甲。

做个分布点位图

全球现存最古老的穿山甲化石来自约4500万年前，出土于德国小镇梅塞尔。尽管穿山甲的祖先似乎生活在欧洲大陆上，但现在穿山甲基本只分布于非洲和亚洲的亚热带、热带地区。为什么穿山甲会这样大迁徙呢？一般认为，这是因为大约500万年前，全球气候骤冷，在纬度更高的欧洲大陆上，蚂蚁和白蚁的数量骤降，使得穿山甲不得不前往亚洲和非洲大陆寻找新的栖息地。

中华穿山甲是一种亚洲的穿山甲，主要分布于东亚和东南亚地区。在中国以及与中国接壤的多个国家中，穿山甲均有分布，总体的数量并不明确，只能从零散的目击报告以及野外研究中得知当地存在中华穿山甲。从地图上可以看出，中华穿山甲几乎呈条状地分布在北纬30°以南的东南亚区域，绕着青藏高原栖息。

在中国以外的地方，中华穿山甲的栖息地，最东可以到达越南的中部，最南端也是越南的中部；从那里出发往西北角走，老挝的中北部地区也发现过零星的穿山甲；继续往西，泰国北部的清迈有穿山甲分布的记录；接着往西北，来到缅甸，这里虽然也有记录，但案例更少，几十年前曾有记录显示，和清迈差不多纬度的首都内比都存在穿山甲，再就是近些年在北部出现过的目击记录了，因此估计在缅甸境内，中国穿山甲应该分布于首都以北的地区。

再往西就来到印度的几个东北部的省份，它们离印度的主要领土有一些远，嵌在了不丹、孟加拉国和缅甸之间，这些部分也出现了中华穿山甲的记录；往北看，不丹的西南部也是中

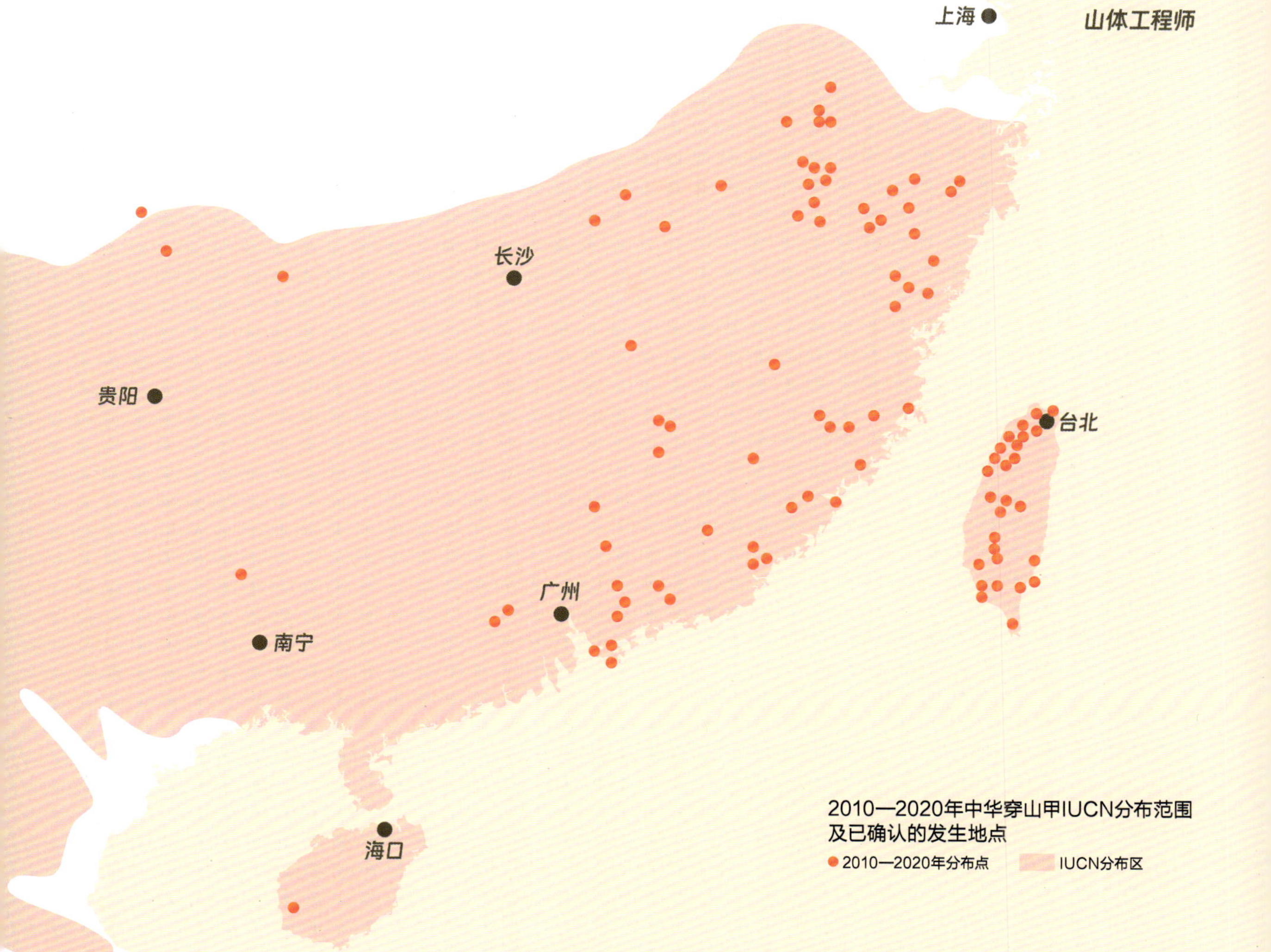

2010—2020年中华穿山甲IUCN分布范围及已确认的发生地点

华穿山甲的分布地；往南看，孟加拉国的北部也是，孟加拉国在2017年曾公开一份较为系统性的国内中华穿山甲分布摸排情况，研究人员在东南部山区、东北部的国家公园以及西北某地都发现了穿山甲的种群；最后，我们再往西一步，来到了中华穿山甲栖息地的最西端——尼泊尔，尼泊尔的中华穿山甲研究和中国的相比来说规模更小，但相比其他国家和地区来说，已经算是丰富的，在记录中，中华穿山甲广泛分布于该国的各个地区，但数量也不多。

中国的中华穿山甲在哪里？

和亚洲其他国家相比，中国在中华穿山甲方面的研究虽然不能说充分，但相对来说更为丰富。由现有的数据可知，中华穿山甲在中国主要分布于四川、贵州、西藏、云南、湖南、浙江、江西、安徽、广东、广西、福建、海南、台湾等地，但由于各种历史原因以及相关研究的缺乏，要获得具体的分布数据始终较为困难，我们只能顺着几次大规模的摸排来大致感受一下中华穿山甲的种群状况。

1960–2008年：数量锐减

和全球穿山甲种群的命运一样，中华穿山甲也受到了非法捕猎和栖息地丧失的重创。从20世纪60年代至今，中国境内的穿山甲数量和分布范围都在急剧缩减。举个例子，以前广东曾经是穿山甲大量聚集的栖息地，据估算，1960年时广东有野生穿山甲大约100000只，而到2000年时，这个数字下降了85%以上。

根据原国家林业局的调查，在1998年，我国的穿山甲加起来都没有100000只，当时只有大约64000只野生穿山甲，而到2008年时，在野外栖息的穿山甲数量已经下降到25100～49450只之间。相当于在这10年中，中华穿山甲的数量几乎腰斩。而2004年的一项研究表明，早在那时，在国内穿山甲的栖息地中，它的生态密度已经低到每平方千米只有0.001～0.050只穿山甲。这是什么概念呢？简单来说，如果一只穿山甲想要繁衍后代，它已经很难找到对象了，这是一个非常危险的信号。

2010年至今：难觅踪影

现在在野外，我们已经很难和穿山甲“不期而遇”了，相关的研究和调查也一直十分有限，结果导致我们现在并不能十分明确地说出，中国哪里有穿山甲。有两个国际组织或许可以为我们提供一幅粗略的图景，它们分别是国际自然保护联盟（IUCN）和全球生物多样性信息网络（GBIF）。

在2021年时，一组学者通过另一种方式摸排了中华穿山甲亚种的分布。他们借助网络、学术资料库等各个渠道，搜罗了过去10年间穿山甲的目击信息。在他们最终筛选的142条目击信息中，有14.08%来自广东省，19.01%来自浙江省，而最多的是来自台湾省（34.51%），剩余信息则基本来自其他8个长江以南的省份。这些目击信息呈现的结果与IUCN、GBIF的分布数据相似。因此我们可以通过以上这些比例，感受到现在中华穿山甲的分布情况：在浙江、广东有一定数量的野生穿山甲种群，在台湾的情况则更好一些。

而根据其他的实地调查报告，广东省现在约有3个具有一定规模穿山甲种群的地区：河源市和平县彭寨镇林区、韶关市乳源县天井山林场、惠州市惠东县乌禽嶂林区。其中，乌禽嶂林区有着现在广东省最大的穿山甲族群，密度可以达到每平方千米1～2只。

中华穿山甲有三个亚种，但在实际观察中要分辨出这三个亚种是比较困难的，它们最大的区别在于分布的地理位置不同。

除此之外，虽然这份调查中海南岛的信息占比极低，但在2020—2021年之间，野外生物研究专家曾经在海南岛西南部的尖峰岭林区展开过穿山甲分布调研发现在这个区域中，尽管穿山甲的数量不多，但也有三小群穿山甲在山上活动。

走在前面的台湾省

前面的调查中也提到，在过去约10年中，穿山甲的目击资讯有超过三分之一来自宝岛台湾，这正是因为台湾省在穿山甲的保育工作上，处于世界领先位置。其实在20世纪中期，台湾穿山甲种群也遭到了十分严重的破坏，但是在1989年起，台湾省《野生动物保育法》明令禁止了捕猎、贩卖穿山甲。换言之，台湾更早地展开了穿山甲保护工作。

因此，台湾出现了和世界上其他地方都不同的状况——在过去20年中，台湾许多地区的野生穿山甲数量都实现了稳步增长。台湾林业保育署从2015年起用自动相机追踪穿山甲的踪迹，到2021年为止，调查发现在台湾海拔1000米以下的浅山、丘陵、海岸山脉均存在穿山甲的踪迹。有关学者称，台湾东部和南部的部分浅山中，穿山甲的密度可以达到每平方千米10只左右。2019年时，台东县延平乡鸾山每平方千米有12.8只穿山甲，可以说是穿山甲的天堂。

虽然台湾没有系统统计过全岛有多少穿山甲，但在野外目击的概率明显提高了，这是社会各界一起努力的成果。在科研方面，台北动物园是世界上第一个实现中华穿山甲人工繁育的动物园，为研究穿山甲提供了大量珍贵的数据和资料。

另外，在民间，台湾省的“原住民”传统文化普遍对穿山甲抱有正面的情感，再加上有效的宣传和教育工作，现在很多乡村愿意主动承担起穿山甲保育的工作。大陆民众的穿山甲保护意识也明显提高了，近10年有关穿山甲的报道中，大多新闻都是人们发现受伤的穿山甲

2010—2020年中国各省份中华穿山甲记录数量及不同目的地类型个体数

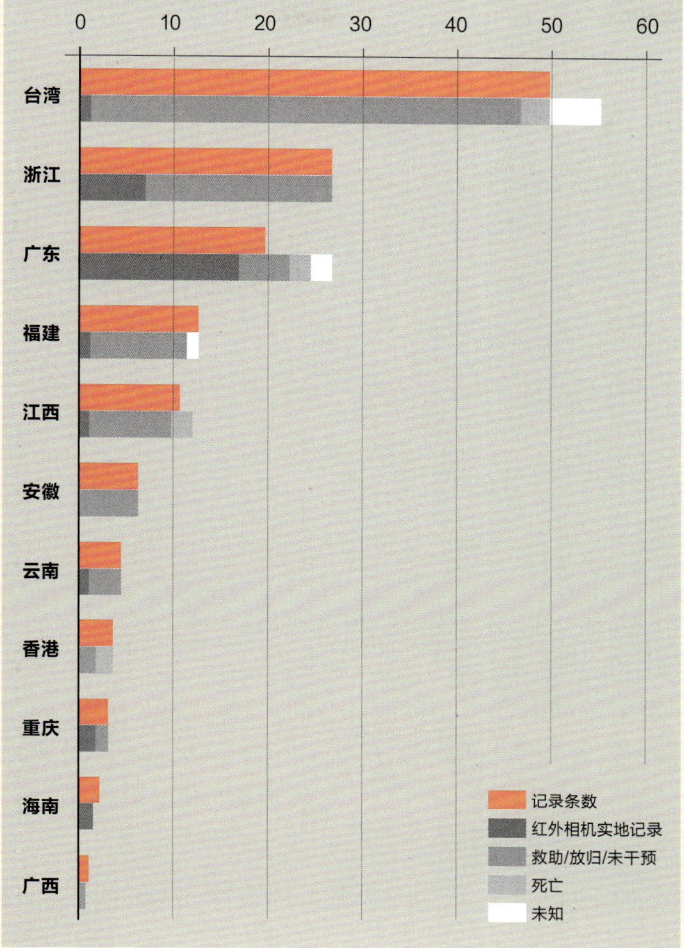

后，将它送往野生动物救护部门。尽管穿山甲种群的整体生存情况依然严峻，但这样的消息让人看到了一线生机。

为什么中华穿山甲兵分三路？

现在通常认为中华穿山甲可以分为三个亚种：指名亚种（M.p.），分布于中国台湾；华南亚种（M. p. aurita），生活在北纬120° 以南的亚洲大陆；海南亚种（M. p. pusilla），分布于中国海南岛。所谓指名亚种，指的是中华穿山甲最开始被记录到的品种，也就是说，尽管中华穿山甲主要生活在亚洲大陆上，但最开始被学界记录的是中国台湾的亚种。这三种亚种在外观形态上没有公认的差别，用肉眼观察的话，基本看不出显著的不同，分成三类主要还是因为它们生活在大陆和两座岛上。按照穿山甲从欧洲向亚洲迁徙的方向来看，它们的大本营应该就是大陆，那中华穿山甲是怎么到达这些岛屿的呢？现在还没有多少研究成果可以专门解答这个问题，我们不如一起脑洞大开，猜想一下。

首先说海南岛，根据地质学的研究，海南岛大约从650万年前开始和亚洲大陆分离，可能在400万年前开始旋转分离然后形成海南岛。海南岛的地层、断层、成矿带等都与大陆的华南地块相近。4500万年前穿山甲生活在欧洲，我国也出土过4000万年前的穿山甲化石，再加上500万年前穿山甲大规模南迁，也就是说，穿山甲很可能是在海南岛没有完全与大陆分离时就来到了这里，然后随着印度板块与欧亚板块的碰撞而离开了亚洲大陆。

台湾岛的情况要更有趣一些，它的形成与海南岛不同，它并不是从亚洲大陆分离出去的岛屿，而是在板块之间由复杂的地质运动挤压形成的。我们现在看到的台湾岛来自约600万年前，由于菲律宾海板块向西与欧亚板块挤压碰撞，挤出了台湾岛的山脉。一直到这里为止，台湾岛都是一个在太平洋上平地而起的孤岛。但是在大约18000年前，也是第四纪冰河时期（约258万年前至今）最冷的时候，全球大范围结冰，导致海平面下降，台湾岛居然与亚洲大陆连在了一起，有很多物种都是在那个时候沿着这座“桥梁”走到了台湾岛，或许中华穿山甲也是这么过去的。

当然了，还有一种可能性，中华穿山甲可能是游过去的，虽然它只会“狗刨”，但穿山甲的游泳能力是世界人民有目共睹的，既然马来穿山甲可以游泳穿梭于不同的岛屿之间，为什么中华穿山甲就不能呢？

穿山甲的方圆一公里

中华穿山甲多见于中国长江以南的省份和亚洲部分地区，作为哺乳类唯一带鳞片的高度特化物种，它们的生活环境有什么特点呢？

住在森林里

由于穿山甲神出鬼没，要想了解这些细节，我们必须通过具体的调查研究来看。在中国大陆地区，近20多年关于中华穿山甲的野外研究主要在广东和海南两省展开。相比来说，广东的穿山甲种群稍微丰富一些。

在2001年6月至2002年5月间，我国穿山甲保护方面的著名学者吴诗宝和团队一起，在广东省茂名市大雾岭自然保护区中展开了详细的田野调查。在这次研究中，吴诗宝团队发现，穿山甲出没于保护区内的各种森林中，这些森林有的是温带常见类型，有的是亚热带类型。此外，穿山甲还很喜欢灌木丛。尽管大雾岭现在已经成为穿山甲的历史分布地，但这份详尽的野外研究依然在不断为后来的学者们提供宝贵的经验。

20多年过去了，目前在广东，有3个地区存在较为成规模的穿山甲族群，分别是河源市和平县彭寨镇林区、韶关市乳源县天井山林场、

惠州市惠东县乌禽嶂林区。据说，乌禽嶂林区近年来可以达到每平方千米1～2只穿山甲，虽然和台湾省台东县鸾山的每平方千米12～13只相比还是有一定的差距，但也算是现在穿山甲很多的地区了。

广东的这几处穿山甲栖息地，都是典型的亚热带森林，气候湿润，植被丰富，年平均气温20℃左右，是具有代表性的穿山甲栖息地条件。

2020年，在海南，动物保护专家颜文博以及海南热带雨林国家公园管理局的一队研究人员在尖峰岭林区也展开了系统性的中华穿山甲调查。他们发现了3小群穿山甲，同样分布于海拔1000米以下的亚热带森林中。此外，学者们注意到，尖峰岭林区是我国热带雨林保护最完好的区域之一，虽然热带雨林可以为穿山甲提供更丰富的食物，但没有穿山甲选择在这里安家。这很可能是因为热带雨林通常处在海拔400米以下的位置，受到人类活动影响较大，中华穿山甲不得不避开这些区域。

通过以上这些调查，我们可以明显看出，中华穿山甲在大陆地区一般都躲进了自然保护区里，在气候适宜、湿润温暖的亚热带森林中休养生息。

而另一头，在穿山甲数量更丰富的台湾省，研究人员发现，穿山甲对栖息地的选择其实是十分多样的。除了各种类型的森林之外，在竹林、草地等低海拔的地区都有穿山甲生活的痕迹。台湾省学者认为，当地的穿山甲并没有特别青睐哪一种栖息地。

2018年，美国Discovery探索频道出品的纪录片《解密穿山甲》（Secrets of the Pangolin）聚焦了台湾省穿山甲学者孙敬闵和猎人阿勇的组合。他们在穿山甲天堂鸾山展开了多年的跟踪调查。阿勇既是鸾山村的猎人，也是穿山甲巡守队成员，对当地的山林了如指掌。在他的帮助下，孙敬闵在鸾山研究了整整8年，追踪了47只野外穿山甲。

在阿勇的观察中，穿山甲不仅可以在山林原野中生活，还能够和人类共生。鸾山当地的“原住民”文化历来都对穿山甲十分友好，近年来在野生动物保护的教育之下，当地更是形成了完备的穿山甲救护小队。而事实证明，穿山甲能够感受到人类的善意，它们并不会有意地避开人群，它们可以在农田、废弃的养殖场生活，也会在靠近公路的地方扎寨。虽然公路对于穿山甲来说十分危险，是不应该靠近的地方，但这样的现象说明，中华穿山甲其实拥有适应不同栖息地的能力。

尼泊尔的穿山甲专家们也发现了相似的规律，穿山甲在森林和农业用地之间没有明显的倾向性。此外，中国台湾省发现的穿山甲主要是在海拔较低的浅山区域，而尼泊尔的研究人员发现，当地的中华穿山甲能在海拔高达3000米的地区生存。事实上，在广东茂名大雾岭上生活的穿山甲也能在海拔高达1500米的区域生活。这说明，穿山甲不仅能适应多种栖息地，还具有适应各种海拔的能力。

方圆一公里

尽管穿山甲在台湾省的栖息地种类会更丰富一些，但总的来说，中华穿山甲生活的地方还是有很多共通之处的，不能太冷、不会太热，雨水充沛，有丰富的植被，等等。除了这些信

广东大雾岭原始次生林
的环境，我很满意！

息，我们对穿山甲的居住环境还有很多不了解的地方，在这个部分，让我们把镜头再拉近一些，去看看它们的家附近是什么样的。

从之前的章节里，我们可以总结出，现在中华穿山甲数量最多的区域应该就是广东和台湾了。中华穿山甲在这些地方挖洞、觅食、繁衍，它们是夜行性动物，主要生活的地方就是自己的洞穴，接下来就让我们从它的洞穴开始，看看那“方圆一公里”长什么样吧。

土壤

穿山甲虽然在很多方面似乎都是随遇而安，但唯独在土壤上，穿山甲喜欢更黏的土壤。土壤一般按照黏粒、粉粒、砂粒的比例来分类，其中直径小于2微米的是黏粒，肉眼已经无法看出颗粒感；直径介于2微米到0.02毫米的是粉粒，类似于细沙；而直径介于0.02～0.2毫米的则是砂粒，是其中最大的颗粒。黏粒含量15%～25%为黏壤土类，黏粒含量大于25%为黏土类。穿山甲偏爱砂粒更少、黏性更强的土壤。这或许是因为，如果土壤中的颗粒更小的话，对爪子和甲片的磨损也会更小吧。

气温

从土洞里探出头来，我们首先感受一下周围的气温，广东的3个穿山甲栖息地区都属于亚热带气候，四季分明，年平均气温在20℃左右，降雨量充沛。而台湾省台东县鸾山则更偏向于热带气候。如果现在是夏季的夜晚，出洞后的第一个感受肯定是觉得挺潮湿的，广东夏季的气温可能比鸾山还要更热一些，半夜气温还会达到20℃以上，如果是白天的话，最热的时候是可以冲上35℃。

如果在冬季，鸾山晚上气温基本不会低于10℃，白天气温可以达到20℃，虽然对于穿山甲来说算是有点冷，但还比较温和。但亚热带的广东冬季就不同了，首先空气会更干燥，此外，夜间的气温经常在10℃以下，海拔高一些的地方还会出现0℃以下，存在霜冻期。但是穿山甲的洞穴有着超强的保温能力，能帮助它抗住不同的气温。

植物

接着我们看看周围的植被，穿山甲喜爱森林，周围植物种类通常都非常丰富。鸾山拥有着现在保存最完整的楠榕混林带，这是一种类似于热带雨林式的生态结构，其中以热带植物为主。最出名的就是这里生长的大片的榕树，榕树枝干上长出的气生根又深入泥土中，巨大的榕树仿佛在森林中布下了天罗地网，当地人也会把巨大的榕树形容为“会走路的树”，可以想象穿山甲也曾在这样原始而茂密的丛林中繁衍生息。不过这样的原始森林在鸾山也不多见了，现在的研究中遇到的穿山甲更多地会出现在竹林、草地、耕地中。

在广东，河源、韶关和惠州的森林均以阔

尽管幼崽会遭到食蟹獴之类的肉食动物的袭击，但成年的中华穿山甲在自己的家周围，是“无敌”的。

叶林为主，是全球亚热带常绿阔叶林的典型代表，常见的植物来自樟科（Lauraceae）、壳斗科（Fagaceae）、山茶科（Theaceae）、山龙眼科（Proteaceae）等，它们高低错落，构成了森林的各个林层。天井山林场是亚热带植物保存最为集中的地区之一，拥有超过2500种野生植物。而彭寨镇林区和乌禽嶂林区也拥有数百种植物，其中不乏珍稀的濒危植物，比如国家一级保护植物紫纹兜兰、南方红豆杉等，国家二级保护植物桫椤、金毛狗和金线兰等，构成了丰厚、优越的森林条件。

动物

说到动物，我们可能会很关心穿山甲的天敌在哪里。很幸运，中华穿山甲的生活环境中没有像非洲的狮子那种非常凶猛的天敌。尽管幼崽会遭到食蟹獴之类的肉食动物的袭击，但成年的中华穿山甲在自己的家周围，可以说是“无敌”的。但是近年来，随着栖息地丧失，人类活动范围的扩大，穿山甲的世界里出现了野狗、猎狗这样的新敌。“敌人”尖利的牙齿和灵活的爪可以突破穿山甲的防线，咬伤它们，所以出门得格外小心狗！

说完“敌人”再说说穿山甲的食物——蚂蚁和白蚁。穿山甲在选择栖息地的时候，很重要的一点就是当地的蚂蚁、白蚁数量够不够多，比如在台湾省，穿山甲的栖息地中会有超过90种蚂蚁。它们和穿山甲、森林里的植物、土壤一起构成了一个不起眼但无处不在的系统，我们将会在后面详细介绍。

还有那些非敌非友的“路人”动物。穿山甲独居的习性可能会给人一种“深居简出、门可罗雀”的冷清印象。但是通过自动监测相机，我们会发现一个活跃，甚至有些热闹的森林社会。在2020-2022年间，研究人员来到广东的这些穿山甲栖息地，在它们的洞口架起了各种监测设备，发现至少有65种动物在附近活跃着，其中最常见的是小型鼠，还有不同的鼬，绿翅金鸠、斑鸠等鸟类也会在附近出没。如果把范围再扩大一些，我们会发现，在这些山林中，除了穿山甲之外，还有其他很多和它一样珍稀的濒危动物，比如小鸦鹃、眼镜王蛇、小灵猫、画眉等，它们都在这富饶、安宁的茂林中找到了自己的栖身之地。

欢迎参观寒舍

穿山甲是夜行动物，
白天绝大部分时间都待在地洞里，
洞穴不仅是穿山甲的家，
为它遮风挡雨，
同时也为它隐匿踪迹，
保护它的安全。

穿山甲不擅长保持体温，而地下的气温变化很小，有很好的保暖功能，所以洞穴还是暖房，能帮助它度过寒冷的冬天。当穿山甲妈妈怀孕生子时，洞穴还可以做孕婴房，为它制造一个稳定的环境。洞穴对于穿山甲来说是如此重要，穿山甲在进化中甚至选择不需要呼吸那么多氧气，也要生活在洞穴里。因此，研究穿山甲和洞穴的关系是了解穿山甲的关键之一。

作为现在世界上中华穿山甲密度最高的区域，鸾山能为我们提供最完整的穿山甲活动数据，想要了解穿山甲和洞穴的关系，就离不开对这个地区的研究。台湾省学者林敬勋和裴家骐的团队在2009年5月至2010年6月底，在鸾山展开了细致的调查。这项研究特别有价值的地方在于，研究人员在10只穿山甲（雌性7只，雄性3只）的身上成功安装了无线电发报器，用这样的方式准确地追踪了它们的动向，这样精确、微观的数据在中华穿山甲的研究中是十分罕见的。他们成功追踪了其中8只穿山甲超过50天，这种程度的数据已经足够研究人员估算出它们的实际活动范围了。他们发现，雌性穿山甲的活动范围通常是15～30公顷，而雄性的活动范围要大得多，有的可以达到100公顷左右。

在穿山甲的活动范围中，研究人员选取了将近1.3公顷的范围，对洞穴进行了地毯式的搜索，他们一共发现了144个穿山甲洞

寻找食物

选择靠近丰富食物资源的地方挖掘洞穴，以便更容易获得食物。穿山甲会更倾向于选择丰富的、对其具有营养价值的蚂蚁或白蚁作为主要食物来源。

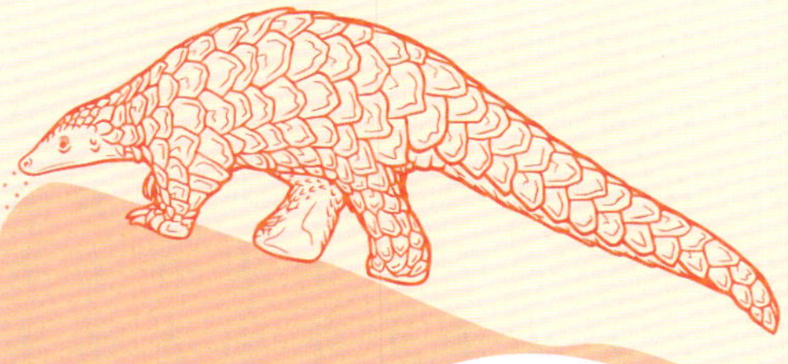

利于土壤

改善土壤的通气性、水分渗透性和养分循环，促进了植物的生长和繁荣。洞穴中积累的有机物和粪便为植物提供了营养物质，增加了植被的多样性和稳定性。

种群繁衍

选择适宜的洞穴位置和条件，可以更好地保护穿山甲幼崽并提高繁殖成功率。此外，洞穴选择还与穿山甲的社会行为有关，它们可能选择与其他穿山甲建立邻近或社交关系，从而促进种群的繁衍和稳定。

洞穴共享

穿山甲洞穴为许多其他地下生物、爬行动物和鸟类提供了重要的栖息地。洞穴提供了避暑、避寒和躲避捕食者的功能，对这些物种的生存和繁衍至关重要。

穴，平均每公顷111.2个，那么换算一下，30公顷就有3300多个洞了，穿山甲活动范围里的洞穴真的很多。和穿山甲很多其他行为一样，它们的洞也有季节和用途上的差异。很多学者倾向于把洞分成两种，一种是较浅的觅食洞穴，一种是更深的居住洞穴。它们都有哪些特别之处呢？让我们一个一个来了解。

觅食洞穴：穿山甲的路边夜宵摊

中华穿山甲的食性说来其实很简单，它们夏天吃地面上的蚂蚁，冬天吃地下的白蚁。觅食洞穴的出现就与这样的食性密切相关。虽然穿山甲非常擅长打洞，但是打洞说到底还是很累的，所以在实际中，穿山甲奉行的是“非必要不打洞”的原则。

在夏季，天气炎热，空气潮湿，大量的蚂蚁都在地面活动，白蚁也会在凉爽的晚上倾巢而出，这对穿山甲来说十分理想，可以说是饭来张口。只有在少数情况下，它们才会特地挖一两个洞去找更大的蚁穴来取食。

我国穿山甲专家吴诗宝在广东大雾岭为期一年的观察中，详细记录了关于洞穴的数据。夏秋两季里，穿山甲只新打了10个左右的洞，这些洞通常只有10～40厘米深，很多看上去更像是浅坑，其中只有2个较深。在林敬勋和裴家骐的观察中，也出现了类似的现象，在那一年中，只有5—6月出现了少量新挖洞穴的记录，大多也是浅坑，里面有蚂蚁、白蚁窝，这一类的洞显然就是为了取食才打的。夏秋季节的蚂蚁就算在地下筑巢，通常也离地面很近，穿山甲随便挖一挖就可以了。

不过，这样的浅坑往往没有重复利用的痕迹，里面也不太会出现供穿山甲居住的“大房间”，而更像是可以临时休息一下的大帐篷。可以推测这只是它们用来吃饭的“路边摊”而已。

而冬春季节则很不同，在大雾岭，穿山甲新打的洞穴数量是夏秋的4倍，而且这些新洞要深得多，一般在70～220厘米之间，最深的甚至有3米多。鸾山的情况也差不多，春冬季节的时候出现了数量较多的深洞。而这些洞底通常都有白蚁，说明穿山甲在这些地方深挖，是因为白蚁为了过冬躲进了地下深处。

很有意思的是，在鸾山，研究人员还观察到，有一部分的深洞有被再次填埋的痕迹。填埋是为了什么呢？居然是中华穿山甲在“养白蚁”。有的时候，一窝白蚁被吃得差不多了，穿山甲会为它的巢穴盖上土，这样有利于蚁穴的恢复，而过一段时间，机智的穿山甲还会再回来，挖开这些洞继续吃。这说明在冬春季节，穿山甲还会做“回头客”，一次吃不完先藏起来，下次再来继续吃。

挖了这么深的洞，穿山甲会干脆在这香香的饭馆里住下吗？哎，不一定，要讨论这个问题，就会牵扯到另外一种穿山甲洞穴了。

居住洞穴：森林里的共享公寓

居住洞穴，我们可以想象，它应该比觅食洞穴要“精致”一些。它们在数据上比较像穿山甲在冬季打的那些洞，通常比较深，在1.5～3.3米之间，长度从1～5米都有。

在野外进行观察的时候，研究人员通常会通过以下这些方式来判断哪些是觅食洞，哪些是居住洞。首先，居住洞穴的洞口更光滑。因为居住洞穴不是一次性的，穿山甲会反复出入这

跟着妈妈学挖洞。

些洞，它的甲片慢慢地就把这些洞口打磨得越来越光滑了，但相比之下，觅食洞穴的洞口要粗糙得多。

此外，居住洞穴里通常会出现干枯的草或者叶子，这是穿山甲为了保暖从外面扒进来的“被子”。如果穿山甲曾经在这个洞穴里 养过宝宝，“被子”就更不能少了。

最后一个区分的方式，就涉及冬春季节新洞的讨论了。在大雾岭，研究人员发现很多新挖的深洞在穿山甲取食之后，都会被进一步改造成居住洞穴。他们重点观测了其中8个洞，发现穿山甲在这些洞里居住的时间会持续9～15.5天。另外，雌性穿山甲通常会在冬春交界怀孕生子，因此洞内需要有足够的囤粮。在别的研究中，观测者还发现过穿山甲在长达13天的时间里“宅”在冬季洞穴里不出来。如果一个洞里温暖又储粮丰富，怎么会有穿山甲不想在里面好好过一个“寒假”呢？

因此，属于居住洞穴的第三个特征就是，洞穴因为经历过不同时期的改造，里面就会出现土壤分层的特点。

但是在观察台湾地区的穿山甲时，出现了不一样的情况。鸾山的穿山甲主打一个“泾渭分明”，吃饭的洞就只吃饭，住还得住到别的地方去。即使是在冬季挖掘的深洞，鸾山的穿山甲也基本不会住进去，吃完就走了，规矩很不一样。因此，研究人员关于鸾山的观察结论是，穿山甲的挖洞行为几乎只服务于取食，和居住没有太大的关系。这就很有意思了，我们一起来理一理，首先不管哪里的中华穿山甲在夏季基本都不打洞，在冬季会打一些，但不是所有的穿山甲都会住在这些新打的洞里。

这么一来，你发现了吗？用来居住的洞穴好像在另一个体系里运转，就像学校的宿舍一样，穿山甲不需要自己去造什么新的房子，直接住就可以了。如果是鸾山的穿山甲，它们会到处乱吃，但基本上只住“宿舍”，就算在冬天新挖了深洞，也规规矩矩地只在这里吃吃饭就回家了。而大雾岭的穿山甲，至少在夏天，也基本只住那些本就存在的洞穴。

狡“兔”十窟

俗话说狡猾的兔子有三处藏身的洞穴，按照这个标准来说，那穿山甲简直是“狡猾大师”了。从穿山甲冬夏两季的生活习惯中，我们可以做一个简单的计算。鸾山的数据显示，穿山甲在夏季平均1.4天就会挪一次窝，也就是说，一个月就会住10～15个洞。冬季天冷，穿山甲搬家的频率就会下降，有的洞穴能住上半个月。

根据另一位台湾专家孙敬闵的观察，一般雌性穿山甲会利用29.4～39.6个洞穴，而雄性的数量更是翻倍，达到72.5～83.3个。这种居无定所的特性显然也很好地保护了穿山甲，让它们不容易被天敌找到。

可是这些洞都是从哪里来的呢？如果它们真的亲手挖，岂不是要累“晕”？但还好，中华穿山甲似乎已经建立了共享房屋的社会体系。穿山甲是独居动物，只有在出生时会跟妈妈一起生活一段时间，但这并不是说它们的成年生活就完全没有交集了。

在鸾山，研究人员发现，它们用发信器追踪的几只不同的雌性穿山甲，会重复利用同样的洞穴，比如说，有2只穿山甲不约而同地住过17个不同的洞，虽然没有住在一起，但生活里处处都是同类的气息。

而且在野外观察时，科研人员在这些洞穴中还发现了很多其他物种活动的痕迹。这说明，这些洞穴甚至不仅限于穿山甲种群内部使用，还是森林居民的共享财富。

别有洞天的家

中华穿山甲的家几乎是恒温恒湿的，条件这么好的“别墅”里面长什么样呢？如果我们往里探探，可能会稍稍有点失望，虽然冬暖夏凉，但这里既没有三室两厅，也没有豪华跃层，中华穿山甲生活朴素，只住在一室户里。

在过往的研究中，学者们发现，中华穿山甲的洞穴结构普遍比较简单，一般就是一洞到底，没有分支，也没有另一个洞口。洞穴结构可以简单分为洞口、洞道和巢室。

穿山甲洞穴的入口直径通常取决于挖洞的穿山甲有多肥，一般就是10～20厘米的样子，确实它们也不必费劲挖得更大。穿山甲在进入居住洞之后，可能会在洞口堆起土墙，进一步掩盖自己的痕迹，只留几厘米的空隙来通风。

前面介绍过洞穴的深度，一般夏季取食用的洞穴深10～40厘米，冬季取食的洞穴以及居住洞穴会深达1～3米。从横向的长度上来说，居住洞穴通常在1～5米深，夏季的浅洞通常在0.3～2米之间，冬季洞穴和居住洞穴会更长，有的可以达到5米。巢室是穿山甲主要休息的地方，所以会比它的身体大一些。夏天挖的洞都是用来取食的，所以有一些没有巢室这个部分，只有洞口和洞道。

在这些研究中，研究人员往往观测的都是穿山甲仍在利用的洞穴，因此需要谨慎地进行勘测，对数据的收集有一定的影响，也较难得出准确的内部结构图像。不过，2023年的一份全新的研究，则细致地展现了穿山甲洞穴的结构。

给洞倒个模

2023年时，来自华彦教授团队的孙松博士等学者，在广东省河源市找到了一些完整的穿山甲废弃洞穴，这些洞穴都是在过去两年中没有被穿山甲使用过的。研究人员非常有创意地利用发泡胶等工具填充了洞穴内部，等材料干了之后，再把它们从地里挖出来，相当于给穿山甲的洞穴倒了个模，让我们能直观地看到它的结构。

这份研究解剖了7个洞穴，其中3个是觅食洞，4个是居住洞，这里面大个儿的椭圆形是穿山甲的巢室，小的是蚁穴。我们能很直观地看出觅食洞的沿途不只有1处蚁穴，有的甚至里面有3个，研究人员认为，这有可能是残余的白蚁在洞穴内建立了新的巢穴。

很有意思的是，这份研究里的4个居住洞穴里也都有蚁穴，这说明在广东地区的中华穿山甲的确会一洞两用。当然，这种情况一般就只发生在冬季，穿山甲会先锁定白蚁的巢穴，然后再进一步改造成自己的居住洞，就成为一个带着粮仓的住宅了。不过，在居住洞里，穿山甲会倾向于对白蚁赶尽杀绝，毕竟，它们也不想自己睡到一半的时候被咬醒吧。

让人意外的是，巢穴并不一定出现在洞穴的底部，在中部也会出现，这是和以往的观察有所不同的一点。从详细的数据上来看，这些洞都会先有一段平均147厘米的通道，这段通道比中华穿山甲的体长（60～90厘米）更长。这样的结构有助于穿山甲在危险的情况下紧急避险。这一段洞道开头向下，不过在下坡之后，会再往上走，形成一个凹形的结构，这么一来，就可以起到防水防风的作用了。长长的甬道还可以吸收进入的雨水，防止内部积水，一定的弧度也可以挡住外部吹进来的风。因此，在居住洞中，首段洞道的弧度会更大一些，防风性能更好。

除此之外，首段洞道还会和后面的通道形成一个平均130°的转角，然后才会出现巢室，这样就可以进一步防风防雨了。

尽管这两种洞穴看上去有很多相似之处，但是居住洞穴在各个维度上都要更大一些，它的入口因为老有穿山甲进出，所以会更大一些；居住洞穴的巢室也更大，全长比觅食洞穴要长25%，平均有3.5米，而体积上要大出一半左右，平均0.085立方厘米。

选址有道，外观隐蔽，结构复杂，内里舒适，洞穴的设计就是“讲究”。

山体工程师的“风水学”

无论是室外的选址，
还是室内的温差湿度，
都体现出穿山甲对洞穴的讲究。

我们已经知道，只要是在亚热带森林里，穿山甲其实不太挑居住环境，但具体给房子选址的时候，会不会有什么讲究呢？

这个问题还是得按照洞穴类型分开来看。用来觅食的洞穴很简单，蚂蚁和白蚁在哪里，它们就去哪里挖，基本就是一次性的洞，所以选址比较随意，会出现在较为开阔的地方，一般也比较容易被人找到。

而用来居住的洞穴位置就更复杂一些。研究人员在观察中发现，这类居住型的洞穴会避开地面裸露的地方，选在陡峭的山坡上，通常坡度在30°～60°之间，这应该是为了防御敌人的攻击。其他一些研究还发现，这类洞穴可能会选在靠近水源的位置。湿度，对于中华穿山甲来说十分重要，这些洞穴的内部常年能达到70%以上的高湿环境，或许是因为穿山甲的鳞甲和呼吸道都需要湿润的空气。

温度也是一个重要的选址因素，在观察穿山甲的过程中，研究人员发现，中华穿山甲十分不擅长调节体温，尤其是不耐寒，当气温低于17℃时，穿山甲会像小宝宝一样打寒战、流鼻涕，因此穿山甲十分需要一个保温的洞穴。

在台湾省新北市的翡翠水库附近，也分布着中华穿山甲种群，研究人员曾在这里详细记录了一年中穿山甲洞穴内外的温度。他们发现，一年中，穿山甲洞穴的日均温度会介于15℃～25℃之间，在同一天中，穿山甲的洞穴几乎是恒温的状态。在冬季，洞穴外的最低温度可以达到5℃以下，而洞内还是15℃。在夏季，洞外的最高温度达到30℃时，洞内的温度是23℃左右，穿山甲的洞穴真的是“情绪稳定”的好洞。

洞穴保温主要靠的就是土壤，研究发现，土壤可以非常有效地保温，居住洞穴通常比较深可能也有这个原因，土地深处可以维持一个更稳定的温度。可能也是考虑到取暖的因素，广东大雾岭上的冬季居住洞穴通常会避开朝

北，让洞口能受到阳光的照射。

此外，穿山甲冬季还会为自己围一些“被子”，也就是草和叶子等，用来保暖。为了方便找到优秀的“被子”，冬季的洞穴通常就不会选在叶子细长的针叶林边上，而是会选阔叶林或者灌木。不过这种倾向在台湾穿山甲的身上似乎没有明确的体现，或许是因为台湾的冬季没有广东各个保护区的冬季寒冷吧。

风向也可能是穿山甲洞穴选址的因素之一。在广东省河源市和平县，研究人员发现，当地的穿山甲洞穴基本都朝西，这可能是因为当地是亚热带季风气候，夏季多吹东南、西南风，冬季多吹北风，朝西有利于避开风直接吹进洞里，影响内部的温度和湿度。

这么看下来，中华穿山甲还真是“风水大师”呢！

恒温恒湿，要能晒太阳，也要看风向，人类的风水学也不过如此。

其他穿山甲的洞

现存的八种穿山甲基本都会打洞，非洲的长尾穿山甲因为几乎完全树栖了，所以它们是不太打洞的。

印度穿山甲的洞穴结构和中华穿山甲非常相似，也可以分成居住洞和觅食洞，甚至它们在进入居住洞之后，也会和中华穿山甲一样，堆起土堆来隐藏自己的踪迹，不过它们有的时候会在洞穴的顶部打孔来维持通风。

马来穿山甲就不同了，它们还是半树栖的穿山甲，因此除了挖地，它们还可以住进树洞里。它们有超强的适应能力，甚至可以用城市的大型排水管道做洞穴。

菲律宾穿山甲也很聪明，它们发现无花果会大量吸引蚂蚁，所以很喜欢在无花果树的根部挖掘洞穴，使一招“守株待兔”的计谋。

再看看非洲的兄弟姐妹们。长尾穿山甲是所有穿山甲中唯一一种全树栖的穿山甲，它们基本上不打洞。它们热爱远离人类社会的原始森林，只住在高高的树洞里。长尾穿山甲也是这些穿山甲中活动范围最小的一种，它们一个晚上可能只走几百米的距离，也不会“狡兔三窟”，它们过着按部就班的生活，会走固定的路线，住固定的洞穴。

长尾树穿山甲要更活跃一些，它们和中华穿山甲一样，也有觅食洞和居住洞，觅食洞通常是20～40厘米的浅洞，为了挖白蚁来吃。而居住洞就不在地里了，树穿山甲是一种半树栖的穿山甲，它们虽然会在地上找吃的，但基本只住在树上，所以睡的也是树洞。

大穿山甲是最有意思的一种，它们在体型上显著地大于其他种类的穿山甲，所以需要的居住空间也很大。它们不拘泥于完整的洞穴，可以住在土堆的缝隙里，住在灌木丛里，或者开放的树根、树洞里。和中华穿山甲不同，大穿山甲不仅自己会挖洞，也会利用别的动物留下来的洞。大穿山甲因为太大了，不太好转身，所以它们的洞一般都有很多出入口，方便它们直接离开，不用掉头。大穿山甲可以说是穿山甲中最“外向”的一类了吧，它们不仅可以和其他动物共享洞穴，甚至可以和其他动物，比如豪猪和非洲巨鼠直接住在一起。

最后一个大块头南非穿山甲，如果说中华穿山甲是房东，南非穿山甲就是二房东，南非穿山甲自己不挖新的洞，但是会用别的动物留下的洞，再挖一挖，改造一下，进行装修。南非穿山甲和大穿山甲也不太需要为了取食去费力地挖深坑，因为在非洲，气候炎热，蚂蚁和白蚁基本不会钻进地表深处。可以说，它们一直都享受着中华穿山甲在夏季才有的“豪华自助餐”。

森林
生活家

亚热带森林是地球上最活跃、最丰富的生态系统之一，
这里有着种类繁多的动物、植物和微生物，
物种间无论大小强弱，
大家总会找到自己的生存智慧。

能量
太阳是万物之源，光合作用就是最强的。
生产者
矿物元素、二氧化碳
大吃特吃，干饭是第一生产力。
食物、氧气
废料（排泄物、尸体等）
矿物元素的循环
废料（排泄物、尸体等）
没有我们，地球就是一座屎山。
分解者

举足轻重的角色

在穿山甲生活的区域里，
经常出现多种罕见的保护动物，
说明这片区域有着优异的物种多样性。
在这样一个复杂的生态系统中，
穿山甲处于什么位置？
扮演了哪些角色呢？

说到生态系统中的角色，我们可能一下就会想起经典的四大角色：生产者、消费者、分解者、无生命物质，这种分类主要是为了体现生态系统中能量和物质的传递与循环。

生产者可以利用光和水分等自然条件，将环境中的简单化合物合成复杂的有机物。植物光合作用就是典型的生产过程，所以植物是生态系统中具有代表性的生产者。消费者的代表是草食、肉食动物，它们依赖植物或者动物生长，可以将这些能量化为自己身体的一部分，再排出粪便，留下尸体。而分解者则会再将粪便与尸体分解为简单化合物，提供给生产者去吸收利用，其中的代表就是细菌、真菌等。这样一个生态系统中的物质、能量循环就形成了一个完整的闭环。

这个系统可能我们都不陌生，它非常好地将复杂的生态系统给简化了，可是当我们试图把穿山甲塞进去的时候，就会发现这件事情好像有点困难。中华穿山甲在食物链中的位置很特别，它在生存环境中很少有天敌，所以不太会被吃掉；同时，它常吃的蚂蚁和白蚁在生态系统中是典型的分解者。这样的关系导致穿山甲不太符合典型的消费者身份，它的行为好像也很难直接地助力能量循环。

这正是穿山甲的特别之处，它的作用不在传统的分类之中，而是大自然为了维持生态平衡，专门设计出来的一种调节机制。它的价值通过它与蚂蚁、白蚁的互动体现，想要了解穿山甲在生态系统中的角色，我们得先弄明白蚂蚁和白蚁在自然界中扮演了什么角色。

别搞混了，我们蚂蚁有细腰，
不像白蚁是个“桶”。

隐形的地球霸主

蚂蚁和白蚁都起源于1.4亿年前的白垩纪，可能比穿山甲都早了1亿年，和我们人类的历史相比，就早太多太多了。蚂蚁和白蚁的祖先早已分道扬镳，从分类上来说关系并不大，相比蚂蚁，白蚁跟蟑螂关系更接近。白蚁还是蚂蚁很喜欢的食物。

不过它们有一个很重要的共同点，蚂蚁和白蚁都属于真社会性动物。虽然自然界中有很多群居动物，它们也是成群结队地一起生活的，但可以被称为真社会性动物的只有少数一些昆虫，除了蚂蚁、白蚁，蜜蜂和黄蜂也是真社会性动物的典型代表。真社会性指的是一种高度组织化的动物社会性，它们通常会有这些特点：第一，它们的巢穴中会出现“世代重叠”，同一个巢穴中会同时生活着两代以上的成年个体；第二，它们中会出现生殖分工，有些个体的生殖能力甚至直接就退化掉了，比如说蚂蚁和白蚁的族群，就会以极少数专门负责繁殖的蚁后为核心，其他是大量的工蚁、兵蚁等来从事劳动；第三，真社会性动物会合作育幼，即使是不具备生殖能力的成员，也会参与育幼的过程。在一个蚂蚁、白蚁群体中，每只蚁都有不同的分工，一起协作维持着整个种群的运作，可以说蚁群就是一个运行平稳、效率超高的大工厂，蚂蚁也被誉为世界上最成功的物种之一。

现在世界上大约有2万种蚂蚁，尽管蚂蚁体积很小，但从总体上来看，蚂蚁的数量非常惊人，它们占据了地球1%的生物量和三分之一的动物量，甚至可能是比人类更为强大的陆地优势物种，在陆地上占据着绝对的核心位置。很多人迹罕至的地方，都有着大量的蚂蚁在兢兢业业地繁衍生息，从一定程度上来说，是它们在调控着地球陆地生态系统的运作。

蚂蚁和地面上的植被、昆虫都有着错综复杂的关系。昆虫和蜘蛛等小型节肢动物是蚂蚁的主要捕食对象，蚂蚁会蚕食它们的尸体。同时，蚂蚁也会和其他植食性的昆虫（比如蚜虫、一些蝴蝶等）形成营养共生的关系，这些昆虫为蚂蚁提供从植物中得来的糖分，而蚂蚁为它们提供保护，是一种非常稳固且强大的共生关系。因此，蚂蚁一定程度上可以影响当地的昆虫数量。

蚂蚁和植物的关系也很有意思。植物的种子是蚂蚁重要的食物，在取食的过程中，蚂蚁也会将种子带去不同的地方，就好像鸟类一样，可以扩散植物的生存范围。同时，作为分解者的蚂蚁也在消化着枯枝落叶。对于白蚁来说，植物基本覆盖了它所有的食物，植物的根、

我们白蚁最爱啃木头，
擅长分解植物纤维，
人类好像不太喜欢我们……

茎、皮，枯枝落叶，各种木材都是它的最爱。

此外，蚂蚁和白蚁都是自然界出了名的建筑工程师，和穿山甲那种只有一个盲洞的简单一室户不同，蚂蚁和白蚁的房子都是能让人迷路的超复杂别墅，有的部分在地上，大部分在地下。它们可以通过精细的建筑结构来精确地调整蚁穴内的温度，可以说是自然界第一巧工。

也因此，它们的存在可以改变土壤的物理性质，比如增加保水能力、固定流沙等，在一定程度上可以提升土地质量。此外，蚂蚁的觅食活动、新陈代谢等也会影响周围土壤的化学性质，可以使有机质与钾、钠、钙、镁等电解质元素富集。

聪明的食蚁者

小小的蚂蚁和白蚁在不声不响中，“熬死”了一种又一种看似比它们强大的物种，稳坐自然界“无冕之王”的宝座。它们为生态系统提供了巨大的活力和极具价值的服务。不过凡事过犹不及，如果白蚁和蚂蚁不受限制一直繁殖，也会对环境造成破坏，影响生态平衡。在过度繁殖的情况下，原本不怎么啃食木材的蚂蚁，可能会为了争取更多的营养而开始蚕食森林。

就更不必说本来就让人头疼的白蚁了，白蚁除了喜欢在地底下筑巢，也喜欢在木材中挖洞，如果数量够多，木结构的房子都能直接被挖塌了。

这个时候，就能体现出穿山甲的价值了。我们已经知道，穿山甲真的超能吃蚂蚁，根据它胃部的食物残渣可以估算出，穿山甲一年要吃掉几百万只蚂蚁和白蚁。因此，现在一般认为，只要有一只穿山甲驻守，附近大概17公顷的森林都可以免受白蚁的残害。

而且穿山甲并不只是狂吃一通，它们是在“调控”蚂蚁和白蚁种群。为什么呢？很大一个原因是，它们很少会把一个蚁穴吃干净。除了为了居住的舒适性，穿山甲偶尔会把居住洞穴内的白蚁窝给“灭门”，其他情况下，它吃得非常具有“可持续性”。

穿山甲会吃一点留一点，发现一个蚁穴之后吃得差不多就走了，让这个族群可以慢慢地恢复过来。这样的做法用我们人类的话来说，就是“非常具有环保意识”，不为一时的口腹之欲而赶尽杀绝。

穿山甲会给吃完的白蚁穴填土的现象，是希望白蚁不要一蹶不振，可以努力繁殖，再为自己凑一桌丰盛的晚餐。

不过穿山甲肯定不是因为想当“环保先锋”才这么做的，它应该是为了之后还可以继续来这里吃饭。研究人员在野外研究中甚至发现过，穿山甲主动给吃完的白蚁穴填土的现象，估计是它不希望这窝白蚁就此一蹶不振，希望它们可以努力繁殖，再为自己凑一桌丰盛的晚餐。

在这样精妙的设计之中，大自然也就完成了一个十分重要的调节机制，穿山甲也因为自己独特的天性而成为不可取代的森林卫士。

森林最佳房东

穿山甲还有一大特点，就是爱好打洞，这个特点也为周围的环境作出了重要的贡献。穿山甲的洞穴虽没有蚂蚁的精巧，但胜在体积大，而且也很保暖。穿山甲的洞穴一年四季都能维持在20℃上下的温度，湿度也很高，这样优质的条件，不仅为它自己提供了栖身之所，也为路过的其他动物提供了临时的住处，这样的

洞穴在学术界也被称为“热避难所”。之所以叫作避难所，是因为在自然界中，有很多动物在高温或者极寒条件下，都会像我们人类一样中暑或者失温，导致体温失调，威胁生命安全。而它们又不像穿山甲那样擅长打洞，这个时候，它们就会在附近寻找洞穴来避难。

在对广东现有穿山甲栖息地进行密切监测的过程中，华彦教授团队发现，和穿山甲同一区域的动物不仅可以通过进入它的洞穴来休息或者避难，它们也可以在洞口“吹风”来调节自己的体温。

在进行了一年多的观察之后，研究人员一共发现了至少65种动物利用了穿山甲的洞穴，其中包括17种哺乳动物，43种鸟类和5种爬行类动物。很有趣的是，利用穿山甲洞穴最多的并不是穿山甲，而是小型鼠类。如果按照利用次数来计算，很多洞穴差不多一半的时候都是小鼠在用，而只有25%不到的次数是穿山甲在用。除了小鼠之外，鼬獾、黄腹鼬、松鼠也是洞穴的常客。它们会在洞穴里进行觅食、交配等重要的活动。洞口也会出现鸟类的身影，像八哥、画眉、灰胸竹鸡等，但是鸟类通常不会进入洞穴内部，只会在门口乘凉取暖，也会在这里吃饭、带孩子、整理羽毛，甚至交配。穿山甲这位房主确实是给周围的动物同胞们提供了非常优秀的房子。

一般当气温在12℃～25℃之间的时候，动物们叨扰穿山甲洞穴的次数就会下降，因为大家在户外都挺舒服的，体温稳定，而当气温低于12℃或者高于25℃的时候，它们就会更多地来这里寻求庇护。

或许因为“房东”是夜行性动物，白天的时候很可能自己在住这些洞，所以研究人员发现，其他的物种通常都是在夜晚19时到半夜的时候来借用洞穴的。尽管在夏季的时候，白天通常内外温差更大，动物们会更需要去洞穴里乘凉，但大家一般还是会到夜晚了才去穿山甲的洞穴里探索一番。

可以说，中华穿山甲的存在为周围的物种提供了更多样、丰富的生存空间，是自然界中一位非常优质的房东。

洞，这样一来，这里就会出现裸露的新土堆，能够为其他植物生长创造有利的条件。

在同一片区域中，像穿山甲这样的穴居动物搬运的土壤量可能是最高的，能超过其他原因导致的土壤移动的总和。因此穿山甲挖来挖去的习性，可以很好地保护当地生态的多样性。正是这些与生俱来的特性，让小小的穿山甲在大大的森林中发挥着控制、协调的作用，堪称“生态系统工程师”。

调整土壤

在挖洞的同时，和蚂蚁、白蚁一样，穿山甲也在一直翻动地下的土壤。根据台东鸾山地区的测量数据，在穿山甲栖息地内，每公顷约有110个洞穴，按照这个密度计算，穿山甲在每公顷内可能带来了0.8～4.5吨土壤扰动，增加了32～134平方米的裸露土堆。

扰动土壤和裸露土堆有什么用呢？简单来说，这个动作就类似于给森林的土地松松土，带来蓬松粗糙的表面，这样的表面可以加速有机质的积累，增加种子在上面生根发芽的概率。对其他动物来说，它们会更喜欢在新翻出来的土堆上面标记、交配，甚至可能成为一些物种产卵、孵化、育幼的重要地点。

同时，翻动土壤，让地下的土到地上去，改变它原本的垂直排列结构，可以增加“生境异质性”，也就是创造出某地原本不具备的生存条件，让不同的物种都能找到可以栖息的位置，从而增加当地的物种多样性。举个例子，芒萁（Dicranopteris dichotoma）是一种亚热带常见的蕨类植物，它很容易在相对贫瘠和稀疏的森林里形成连续密布的层片，是一种土地退化的表现。这种层片一旦形成了，就会阻碍灌木或者乔木的更新，不利于森林生态的恢复。恰巧白蚁很喜欢在芒萁层片下筑巢，连带着穿山甲就会来这里挖

穿山甲作为指示物种？

穿山甲与周围环境独特的关系，或许也可以让它跻身“指示物种”的行列，指示物种是一个来自生态保护领域的概念。当科学家们想要监测生态系统的状况时，往往会发现面对繁杂的自然环境无从下手，于是他们意识到需要找一些具有代表性或者很特殊的物种，通过观测它们来了解状况。根据特性不同，这些物种可以被分为关键种、指示种、伞护种和旗舰种。

关键种

关键种也叫作基石物种，指的是那些对环境的影响远大于它本身数量的物种。简单来说就是关键种在野外可能数量不算多，但是占据了非常重要的位置。美洲豹是关键种之中最经典的案例，美洲豹处于食物链的顶端，是顶级捕食者，它可以通过捕食其他动物来控制种群

数量，防止过度繁殖，从而保护植被和森林生态。此外，美洲豹的活动范围非常大，需要大面积的栖息地，在很多地方的国家公园中，美洲豹的出现被视为重要的指标。因为它的生存需要完整的生态环境，而保护美洲豹也是保护生态系统的关键。

伞护种

伞护种的名字非常形象，伞护种自己的生存需求可以涵盖很多其他生物的需求，因此，只要保护伞护种，就可以保护到所有被它覆盖的种群。大熊猫就是一种典型的伞护种，它的自然栖息地往往与其他珍贵物种重合，很多我国特有的鸟类、哺乳类、两栖类动物，都与大熊猫有着相近的栖息地范围。国家在野外大力保护大熊猫的同时，也保护到了这些其他物种。在大熊猫的栖息地范围中，大中型草食动物和中型肉食动物的分布都在扩大，这正是保护伞护种而带来的“伞护效应”。

旗舰种

旗舰种和其他几类有点不太一样，旗舰种未必是生态保护上具有重要意义的物种，而是野生动物中的“明星”，它们具有很高的名气，能够吸引公众的关注。通常，在野生动物园的广告或者动物保护的宣传页上能看到的动物，一般都是旗舰种。大熊猫、老虎、大象、海豚等都是典型的旗舰种。不同的地区还会因为当地的历史、文化、风俗等，出现一些当地特有的旗舰种。虽然旗舰种的定义并不基于科学知识，但如果能引起人们的关注，吸引到更大的保护力度，也绝不是坏事。

指示种

最后来看指示种，它也被叫作指标物种。指示种对于特定的环境条件和生态系统的健康状况十分敏感，通过检测指示种就可以反映出生态系统的变化。

地衣是经典的指示物种，它对二氧化硫非常敏感，一个地区的地衣覆盖率可以用来估算空气污染的程度。地衣还可以被用作生物富集物，研究者可以借助地衣来检测污染物和金属微量元素。

蝴蝶也是一种常见的指示物种，它们对于环境的反应速度远超鸟类和其他昆虫。很多品种的蝴蝶只吃一类植物，因此可以较为精准地反映出环境的变化。从20世纪70年代起，蝴蝶在欧洲就成为指示种。

穿山甲为什么也可以成为指示种呢？它们对森林和土壤质量的依赖性较高，需要周围良好的植被环境才能获得足够的蚂蚁和白蚁作为食物，因此，森林砍伐、土地退化、污染等因素都会直接影响到穿山甲的生存和繁殖。如果某个区域拥有一个健康的穿山甲种群，它们的生存状况就可以成为反映环境健康程度的指标。另外，由于穿山甲对蚂蚁、白蚁的调控作用，它们的存在也可以反映当地森林的健康程度，可以用来衡量该地生态系统的平衡性。

穿山社区的故事
快临产了，
有点吃力啊……
qú jīng
鼩鼱
呀，你独自在外不容易，
到我家去吧！洞里很宽敞。
真的吗？
谢谢你！
时间流逝……
别有洞天闲聊群（5）
今天带淘气包出门~
宝宝好可爱！姨姨亲亲！>u<

甲宅
老鼠
可以在您这借住吗?
甲宅
个子这么小，多住一个确实也没问题，不过……
可以，但是你要负责打扫卫生。
OK
次日……
这还是我那泥巴屋吗?!

!!
yòu
黄腹鼬
请等一下！
我非常喜欢你的旧房子，可以租给我吗？简直是完美豪宅！！
可以啊，但是一个洞怎么就豪宅了？
稀
缺
森林里的洞穴和新鲜土堆可是稀缺资源，你这里都有呢。
而且隐蔽又安全，可是非常抢手的。
我的洞这么好啊……我想想……

咱们还是得有一个固定住处比较好啊！
yòu huān
鼬獾
出租
好房出租
高品质森林洞穴，周边资源丰富，
位置隐蔽，安全性强！
有意联系：16888 甲先生
Hi
当房东的感觉真不错~

森山街坊的日常

友友圈
行走的松果
1min 前
新鲜！速来！#松土日常
穿山甲又挖新土了，
东西不少呢。
快走快走！
灰胸竹鸡
吃完别忘了帮我望风啊！

我，白鹇，广东省省鸟。
xián
白鹇
平时就喜欢到处逛逛。
掐土——
嘿，看！
穿山甲在埋粑粑。
时间流逝……
总的来说，日子过得很舒服呢！

甲宅
斑林狸
啊!!
崽崽，今天带你一起去收租。
我房客呢?！
小孩子不要看!

豹猫
我家在附近，不介意的话到我那避雨吧。
Z Z Z
Z Z Z

食蚁联盟超话

披着狼皮的食蚁兽

3min前 发布于非洲

今晚吃了30万只白蚁，来点冰淇淋消消食~

土月豕

仙人掌冰淇淋好吃吗？求代购

行走的松果 超话主持人

老兄，你也掏蚁穴吗？

披着狼皮的食蚁兽 作者

掏，也舔地表的白蚁

就叫列列

发型真帅啊，教教我怎么弄的

披着狼皮的食蚁兽 作者

你审美不错，但这没法教，我天生丽质

食蚁联盟超话

土月豕

45min前 发布于非洲

今天不吃蚁，整点昆虫和鸟卵。

披着狼皮的食蚁兽

土猪？你怎么不跟猪一样吃点菜。

土月豕 作者

土狼？你怎么不跟狼一样吃点鲜肉。

我才是食蚁兽本兽

原来你杂食啊

行走的松果 超话主持人

你这千万别让列列看见……

土月豕 作者

嘘，偶尔啦，我主食还是白蚁的

食蚁联盟超话

就叫列列

53min前　发布于欧亚大陆

今天出门觅食被小伙伴抓拍了几张～咱也是美美的

行走的松果 超话主持人

列列：好险，差点就被看清了我的美貌！

就叫列列 作者

怪我身手太敏捷了～

我才是食蚁兽本兽

建议词典把“动如脱兔”改成“动如蚁鴷”

就叫列列 作者

好主意！这就去写信嘎嘎嘎

披着狼皮的食蚁兽

飞那么高，树洞里有多少蚂蚁？

食蚁联盟超话

我才是食蚁兽本兽

1h前　发布于南美洲

分享几道家常菜：草冻蚁饼、舔舔圈、蒸蚁羹．

行走的松果 超话主持人

这！就叫专业！给我尝尝给我尝尝

我才是食蚁兽本兽 作者

又是第一，你是宅在家里高速冲浪吗

就叫列列

等等，你有两张脸？

披着狼皮的食蚁兽

小鸟眼神不好昂，那是人家的腿！

土月豕

碗里的突然不香了（摔）（赶紧捡起来）

森林卫士团

神秘的穿山甲默默地守护着森林，
还有很多动物们在不知不觉间也完成了“环保使命”，
只有近距离观察才能发现，
这些不经意间的举动在不断微调着生态平衡。

鸟类

说到鸟类中的“森林卫士”，我们肯定会先想到啄木鸟，但是近年来，人们开始注意到这位“森林医生”好像身份没那么简单。事实上，有一些品种的啄木鸟是会伤害树木的，有的啄木鸟以含糖的树汁为生，它们就有可能过度打洞吸汁，把树给吸死。当然啄木鸟中也有为树木捉虫的一类，尽管它们有的时候可能会“过度治疗”，但总的来看，还是利大于弊的。在这个部分里，我们不着重讨论鸟类作为“森林医生”的角色，而是去聚焦鸟类起到的另一种很重要的作用——帮助植物繁殖。

以果实为食的物种，其实在不知不觉间都“上了植物的当”，它们都在为植物跑腿。当果实进入消化系统，没能被分解的种子就会随着排泄回到土地里，它们就有机会生根、发芽。鸟类、啮齿类、灵长类（包括咱们人类）、蚁类等都是植物种子的主要传播动物。

但鸟类在很多环境中是最重要的传播者，在热带和亚热带森林中，约75%～90%的植物种子是依靠鸟类传播的，它们能够有效地促进森林植物的更新。尽管像猩猩之类的走兽在种子传播中也起到了重要的作用，但是它们毕竟是在陆地上活动的，行动范围有限，而鸟类可以实现超远距离的种子传播。一些大型鸟类在其中扮演的角色尤其重要，它们的消化道更大更长，这就意味着消化的时间也更久，那么种子从被吃下到被排出会经历更长的历程，再加上大型的鸟儿会飞得更远，所以就能把种子带去更远的地方。有迁徙能力的候鸟更是不得了的“信使”，它们甚至可以把种子带去离母树50千米以外的地方。

像蜜蜂一样小，
像蜜蜂一样勤劳。

除了传播种子之外，有一些鸟儿还能和蜜蜂一样，帮助花朵授粉，其中的代表当属蜂鸟了。蜂鸟是现在已知最小的鸟类，它是一类鸟儿的总称，其中最小的品种体重只有2克。蜂鸟可以说是绝对的“甜食爱好者”，大部分的鸟类都没有进化出甜味的味觉，但是蜂鸟能尝出来，它们90%以上的食物都是甜甜的花蜜、花粉。蜂鸟虽然体型很小，但是活动量超大，心跳每分钟可以高达1000次以上，是恒温动物中新陈代谢最快的物种之一，因此它得吃很多，每天吃掉的花粉有自己体积的2倍之多。自然界有约80%的植物都需要借助外力来传粉，蜂鸟和蜜蜂一样，都是其中重要的一分子。

蜂鸟的进化速度非常之快，在2200万年间就演化出了几百个不同的种类，这种灵活性让它可以和栖息地周围的植物一起协同进化，变得越来越能相互配合。蜂鸟的特征之一是它长长的喙，它可以凭着自己的“吸管”吸到很多花朵深处的花粉，而喙的长短和形状可以跟着周围植物的花冠而产生改变，有的喙甚至比身体还长。

蜂鸟这种“按需定制”的进化趋势也让它成为一些花粉的独家传播者，有的花朵似乎也为了蜂鸟而改变了自己的形状。据说，南美洲的一种槲寄生科的植物，它的花冠与当地蜂鸟的喙可以严丝合缝地镶嵌，研究人员认为这正是植物与动物协同进化最好的例子。蜂鸟虽小，却以自己灵活的身体为周围的花朵架起了授粉的桥梁，植物得以结实，开枝散叶。

你走你的独木桥，
我走我的大象道。

大象

大象是全世界最受人喜爱的旗舰物种之一，它的存在对森林生态有着无法取代的位置。大象的体积巨大，因此它通过的地方会明显地形成一条“象道”，对于森林来说是一种宝贵的调节机制。

我们很容易认为森林总是越茂密越好，郁郁葱葱的森林才充满了生机。但凡事过犹不及，拥挤的森林可能会导致一些优势植物无限制地侵占其他植株的生存空间，反而损害了森林的多样性。而大象一路“修剪树枝”，甚至撞倒树木，看上去好像是破坏，但其实为森林空间增加了动态，能够有效促进植被的更新。

此外，大象作为一种巨大的草食性动物，要吃非常非常多的食物，但偏偏它的消化系统效率又不高，吃的东西一半以上都可能会原样排出去，这让大象每天要花好多好多时间吃饭。虽然大象比较辛苦，但这对周围的生态来说不是坏事。

首先，大象可以像鸟儿一样，把种子散播出去，而且是大量地散播出去。其次，既然它的消化效率不高，那么它的粪便中就还有很多可以用来吃的东西，森林中很多的昆虫就可以在这里找到食物，它们的聚居又可以加速粪便的分解，让其成为滋养森林的养分，让整个生态系统中的能量和营养加速流动起来。再次，当大象一路边吃边走的时候，必然会让很多树木高处的果实四处散落，那么沿途的其他小动物不就都可以跟着吃一口了嘛！当有大象路过的时候，简直可以说是“过节”了，可以去尝一尝平时够不着的果实。

最后，大象一路走过去，其实还为很多小动物提供了栖身之地。这是因为大象有着大大的脚，踩在泥地上之后，会形成一个个巨大的坑，下雨之后，就会变成小小的水坑，有数十种无脊椎动物还有蝌蚪都会在这里栖息，在一些干旱的土地上，大象脚印形成的小水坑可能是这些物种唯一的避难所，大象的一举一动都在造福着周围的环境。

河狸

河狸是一种啮齿类动物，和鼠鼠们是远亲，但和人人喊打的“过街老鼠”不同，河狸既是全球顶尖学府美国加州理工学院的吉祥物，也是加拿大的国宝，被印上了最常见的5分钱硬币，还在1976年时做了蒙特利尔奥运会的吉祥物。为什么这种“大耗子”的地位这么高呢？

河狸还真担得起这样的身份，它可能是自然界的头号“天才工程师”，它的建造天赋无须激活，一出生就可以上手，而且它造的不是一般的东西，而是水坝。

为什么要造坝呢？这还得先说说它的家。河狸不怎么适应陆地生活，手脚笨拙，如果一直活在地面上，肯定早就被天敌吃完了，而且它的水性非常好，所以河狸选在水里筑巢。当然它还是用肺呼吸的，所以巢虽然在水中，但只是入口在水下，巢穴的内部是在水面以上的。所以河狸回家主要靠游泳和潜水，这样就不会遭到陆地生物的攻击了。

河狸非常擅长使用10厘米左右的树枝、细树干作为建筑材料，它会用自己大大的门牙把木头折下来，再拆成几截运回来。它的巢穴就是由木头和泥土构成的，一般高1.5～3米，从水下进入自己冬暖夏凉的窝之后，河狸就可以安心休息了。可问题出现了，河流的水位会随着季节涨跌，那要是枯水期洞口露了出来，河狸岂不是遭殃？因此，它决定通过自己勤劳的大门牙来修筑堤坝，稳住水位。为了生存，河狸真的采取了一种非常有工匠精神的方式。

而这种勤劳在无意之中为生态系统作出了巨大的贡献，河狸修筑堤坝之后，会抬升水位，从而扩大了上游湿地的面积，河狸完全是环保天才。河狸堤坝创造出的池塘和湿地，成为众多动物的家，青蛙和蝾螈可以在这里繁殖，水鸟也可以在这里筑巢和觅食，就连黑熊也能来这里捉捉鱼。

这些湿地还可以吸收、储存二氧化碳，过滤、吸收沉淀物，从而改善水质。河狸坝可以很好地为干旱地区储水，美国内华达州的部分区域在夏季由于河流水位不够高而干旱，在重新引入河狸和土地整治之后，这里一年四季都不再断流了。在太平洋西北部地区放生了河狸之后，濒危物种钢头鳟幼鱼的存活率提高了52%。因为河狸在这方面实在太优秀了，环境保护领域中甚至出现崇拜河狸的风潮，“把一切交给河狸就可以了”。

河狸修堤非常有一套，看上去它好像只是用牙齿咬断了树枝、主干再运过来放在水上，但其实它是有规划的，河狸会先用较粗的树枝铺在底下，再用细的交错叠在上方，而且会让分叉较多的一端朝向下游来减少水流的阻力。在搭好框架之后，它会潜入水底用泥沙、小石块填满缝隙，这么一来，这条堤坝就可以拦截水源、抬高水位了。以前有些人觉得河狸一直在咬断树木做建筑材料，是在破坏环境，但是

天才工程师驾到，
湿地面积扩大中。

河狸其实和穿山甲很像，它们从不赶尽杀绝，总是啃一点就走了，尽管河狸完全有能力咬断更粗的树木，但它也只选那些10厘米左右的。最重要的是，当河狸大坝修成之后，上游形成的湿地上能迅速长出更多的树木，也间接保护了森林的生态。

更神奇的是，这样的堤坝在河狸家族中大概率会代代相传，野外不乏历史超过一个世纪的河狸水坝。加拿大阿尔伯塔省的一座国家公园内部更是有着全世界最大的河狸堤坝，长约850米，它可能是从20世纪70年代开始，由几个河狸家族携手制作的，现在还在使用中。

从这些物种为生态平衡作出的形形色色的贡献中我们可以发现，或许森林里的每一个生灵，都是环境卫士。动物们在为自己求生存的日常中也完成了大自然悄悄给它安排的角色。鸟类只是吃饭和排泄，就帮助植物完成了繁衍；大象只是为了迁徙和进食，就为森林更新了环境，为其他物种创造了生存条件；河狸只是为了让自己不被天敌发现，居然顺手就扩大了湿地面积；而穿山甲也只是在吃自己喜欢的蚂蚁和白蚁，就守护了一方森林；就算是自然界中那些凶恶的肉食动物们，也在通过吃的行为，制衡着不同种群的数量。环境的平衡和可持续发展靠的正是物种多样性所带来的活力、协作以及相互制约。

铠甲
代代传

穿山甲从千万年前繁衍到现在，
除了靠进化中不断调整的身体机能，
还有穿山甲妈妈伟大的母爱。

“甲”生大事

虽然穿山甲一辈子基本上都是“打光棍”状态，
奉行“一甲吃饱全家不饿”，
但再“社恐”的甲也会为找对象鼓起勇气。

穿山甲就算是找对象，也还是维持着它的那种淡淡的风格，尤其是中华穿山甲。其他品种的穿山甲可能会在“谈恋爱”的过程中更激烈一点。比如，非洲的树穿山甲在交配之前，可能并不是那么浓情蜜意，双方更像是马上要打起来的壮汉，会难得地站起来，胸对胸，这样对峙，直到雌性屈服，与其说是找对象，更像是在征服。而中华穿山甲的求偶风格，看上去更加“女性主导”一些，少一些暴力，多一些你情我愿，一场“婚配”通常是以雌性穿山甲发情为开端。

发情

穿山甲在野外的自然寿命现在并不清楚，但现有的记录中，还没有穿山甲超过20岁，所以穿山甲可能不是一种长寿的动物。相应地，它性成熟的年龄也比较早。雌性通常在1～1.5岁时就已经性成熟，一般当体重达到2～3千克时就可以怀孕了。而雄性稍晚，在观察中，雄性一般要达到2岁左右才会交配。

说到发情期，很容易联想到“春天到了，万物复苏，又到了动物交配的季节……”，不过穿山甲的主场并不在春天。虽然生活在非洲的一些穿山甲一年四季都能进行交配，但中华穿山甲一般是在更温暖的季节发情，一般5—7月观测到的发情现象最多。在发情的季节中，雌性穿山甲通常会经历多个发情周期，每个周期持续10～25天，受孕之后不会再发情。而雄性的发情期则比较长，一年中基本处于“随叫随到”的状态，会不断地寻找发情的雌性。

穿山甲并不能算是一种交配欲望旺盛的动物，这和它的独居属性有着很大的关联。在大自然中，很多的独居动物都相对“冷淡”一些，老虎、北极熊还有大熊猫都是其中的典型。大熊猫一直稳居自然界第一“性冷淡”的宝座，一年只有3～5天的交配期，错过又要等一年。穿山甲的情况比大熊猫还是好多了，但是独居动物日常很少接触到同类，这大大降低了它们交配的可能性。另外，这些动物的繁殖周期都很长，这也导致了雌性一年中的很多时候都不会处在可以交配的状态里。

那么，当雌性穿山甲进入了宝贵的发情期后，她会怎么让周围的雄性知道呢？关于这一点，其实现在还没有全面的了解，野生动物学家们并不清楚它们会如何传递发情的信号，但一种公认的方式是，通过尿液。在发情期，雌性穿山甲的尿液会散发出特殊荷尔蒙的气味，而当雄性外出捕食时，就会嗅到这些信号。这也是自然界中差不多最常见的一种方式，像是猫、狗、猴子、猩猩，一些蜥蜴、蛇类也是如此。

接下来就让我们看看，当一只雄性穿山甲接收到信号之后会怎么做吧。

求偶

穿山甲的嗅觉是它最重要的感官之一，嗅觉不仅为穿山甲找到食物，也是它社交的方式，可以说，穿山甲找对象，靠的就是“臭味相投”。近几年有研究人员在野外拍摄到了中华穿山甲求偶的珍贵画面：夜幕降临，一只雄性穿山甲正在进行日常的觅食，可它突然嗅到了让它精神一振的气味，它知道，这是一个美妙的信号。接着，它循着荷尔蒙气息的指引，逐渐靠近一位异性。如果这时候，它发现别的“男嘉宾”也想参加这场“相亲”，就不得了了。穿山甲会一改平时低调、稳重的形象，大打出手，不过不至于会打伤，但足以让对方知难而退。

好在我们今天这场相亲是一对一，没有引发战斗，让我们来看相亲的现场。今天的男嘉宾发现了女嘉宾发出的信息，他试着跟了上去，试探一下对方的意愿。如果女嘉宾不愿意，就会逃走躲回洞里。这一次，这位女士十分委婉，她没有明确的同意或者拒绝，而是悄悄放缓了脚步，偶尔停下来回头看看这位男士。男嘉宾是个识趣的人，他明白了女生的意思，他也很机智，没有立刻就缩短他们之间的距离，而是继续保持着让对方感到安全的步伐。两位穿山甲嘉宾就这样开始在森林深处，漫步于浪漫的月光之下，她走两步，他进一步，好像在跳一支神秘的探戈。

除了这种特别婉约的求偶方式外，有的时候中华穿山甲也会相互嗅一嗅对方身上的气味，有更多的肢体接触。

这样的“拉扯”有的时候会持续好几个小时，直到雌性穿山甲表现出它已经准备好了，雄性穿山甲才会采取进一步的行动。

交配

在确认了双方的意愿之后，穿山甲会直接切入正题，没有爱抚或者嬉闹，雄性会直接爬到雌性的背上。但和很多动物一见面就“干柴烈火”不同，穿山甲的交配有点儿麻烦。鳞甲虽然是它们保命的关键，可在交配的时候就很碍事儿了。穿着一身盔甲让它们的行动十分笨重，穿山甲又必须找一个微妙的角度，稍微侧过身体，才能完成交配。中华穿山甲有的时候会让尾巴相互缠绕来辅助这个过程。在观察圈养马来穿山甲的过程中，研究人员发现，雄性穿山甲通常都需要好几分钟的时间才能找到合适的方式，新手更是要花费10分钟以上。中华穿山甲的情况也是如此，研究人员在野外甚至见过鏖战到天亮的情况。

除了寻找合适的交配方式比较花时间之外，穿山甲的交配效率非常高，通常在几十秒间就会完成。穿山甲似乎并不眷恋交配的感受，在结束之后，双方会迅速恢复到独居的状态，没有更多的亲密缠绵。

在台湾鸾山的观察研究中，学者们发现，一只雄性穿山甲的活动范围会和多只雌性有所重合，这通常意味着“一雄多雌”的结构。在一年中，雄性穿山甲可能会和多名雌性穿山甲交配。不过这并不表示穿山甲处于一种严格的“一夫多妻制”中。在跟踪调查中，研究人员发现，雌性穿山甲也可能会在一年中不同的季节里和不同的雄性交配。所以总的来说，穿山甲的两性关系更像是一种“开放式”的风格，这也是为了能更大程度地增加繁殖的机会，并且提高遗传多样性。

怀孕

如果交配让雌性穿山甲成功受孕，它就不会再继续发情了，在几个月之后，雌性穿山甲就会生下小宝宝。咱们人类怀胎要10个月，同为哺乳类动物的穿山甲耗时也不短。不过，让人困惑的是，在实际观察中，不同的研究人员观测到的穿山甲怀孕时长相差很大。短的只需要150天左右，长的则将近370天。穿山甲是独居的夜行性动物，在野外的数量又十分稀少，因此观察的难度很大，研究人员在测算妊娠期的时长中必然存在一定的误差。

胚胎滞育

但撇开误差，穿山甲专家孙敬闵提出，中华穿山甲的怀孕期如此长短不一，或许是因为雌性穿山甲存在“胚胎延迟着床”的现象。所谓胚胎延迟着床，更准确的说法是“胚胎滞育”，简单来说就是最早期的胚胎减缓或者停止了生长。在交配之后，雌性的体内成功形成了受精卵，并经过了最开头的阶段，发育成了胚泡，但是它延迟了自己植入子宫内膜的时间，以一个“慢动作”的姿态在发展。用不太准确的话来说，就是好像怀孕的进程被暂停了一样，非常不可思议。

不过胚胎滞育在自然界其实并不罕见，早在19世纪，这种现象就引起了欧洲人的好奇。最开始注意到它们的，并不是科学家，而是猎人。猎人最清楚当地的动物什么时候交配和生育，这和他们打猎的策略有着很强的关联。但他们发现这种经验很难准确地运用在狍子的身上，狍子总是不按估算的时间进入繁殖期。后来生物学家就发现，狍子迟迟没有生育，是因为子宫内的胚泡生长异常缓慢，狍子就此成为人类发现的第一种滞育物种。

此后，科学家发现小鼠、黑熊、海豹、蝙蝠等130多种哺乳动物都存在类似的现象，而在有袋生物中最为常见。以前经常和穿山甲混为一谈的犰狳也是一种滞育物种。这些滞育生物的妊娠期可以“暂停”几十天到十几个月。据说

有一只小袋鼠，胚胎滞育了足足11个月。咱们的国宝大熊猫也是一种滞育物种，在观察中，它们从配种到正式怀孕，至少需要70多天，而正式着床之后，一个多月就会生产。

为什么这么多的动物都会不约而同地发展出胚胎滞育的特质呢？生物学家普遍认为，这是一种进化策略，很多野生动物都生活在不可控的危险环境中，而孕育新的生命需要充足的物质条件。当它们受精之后，为了保护珍贵的胚胎，就选择让怀孕的进程先停一停，等来到了更适合怀孕的环境、季节，或者积攒了足够的营养之后，再重启怀孕。

如果穿山甲的繁殖中也存在胚胎滞育现象，那就需要更多的观察，才能掌握它们怀孕的确切时长了。

不过在现有的观察中，中华穿山甲一般需要5个月左右的时间才能生下小宝宝。因此我们可以把它的繁殖规律简化为：春夏季交配，秋冬季到次年春季生产。独自度过漫长的妊娠期之后，即将成为妈妈的穿山甲会在岁末年初迎来生命的大挑战。

迎接 新生命

分娩对于任何哺乳类动物来说都不是一件轻松的事情，
这很可能是一生中能量投入最大的活动了。
所有动物都会调动一切可以调动的资源，
来让自己安然度过这个阶段并且尽可能地生出健康的宝宝。

对于任何哺乳类动物来说，分娩都不是一件轻松的事情，这很可能是一生中能量投入最大的活动了。包括我们人类在内，所有动物都会调动一切可以调动的资源，来让自己安然度过这个阶段，尽可能地生出健康的宝宝。

在我们的理解中，生育这么大的事儿必需家人陪在身边，但自然界中并不是这样。有些群居动物比如大象和海豚，它们分娩的时候可能会有其他的雌性陪伴在边上，并保护新生的小宝宝。但多数时候，分娩一般都是由妈妈独自完成的。因为在野外环境中，尽量低调、不被天敌发现才是最重要的生存策略，所以妈妈会独自找一个隐蔽的地方去完成生产。再加上穿山甲本来就是独居动物，独居动物独自分娩的情况更为普遍，比如我们前面提到的老虎、北极熊等，穿山甲也不例外。因此，对穿山甲来说，生产前的准备，自然也是妈妈来独自完成的，可以大致分成身体和洞穴两部分。

身体准备

其实前面提到的胚胎滞育就是一种典型的产前准备。如果穿山甲也存在这样的现象，就说明穿山甲妈妈会等待一个更安全、更富饶的条件，再进入怀孕阶段。

除此之外，“孕甲”和其他怀孕的妈妈一样，需要补充更多能量和营养。在观察圈养中华穿山甲的过程中，研究人员发现，怀孕的穿山甲食量会增加，一只原本5千克的雌性穿山甲，日均的饲料消耗量会上浮50～70克。到怀孕末期时，穿山甲的体重可能会增长几千克，其中一只穿山甲的体重从原先的3.6千克大幅增长到6.05千克，达到了约64%的涨幅。大量增重是一个特别好的情况，研究发现，产前体重的增加可以有效提高新生儿的存活率。如果一只穿山甲在分娩前体重不增反减，那就令人担忧了，它的小宝宝很可能一落地就会夭折。穿山甲在这个阶段尽管体重增加了很多，看上去会大只一些，但总的来说，在外形上变化不大，除了乳房会稍微胀大一些之外，不太能看出怀孕的迹象。

洞穴准备

除了让身体做好充足的准备之外，产房和育婴房的准备也不能落下。在2012年10月到2016年6月间，孙敬闵在一只雌性穿山甲的身

上安装了无线电发射装置，还在它生活的环境中安装了许多相机秘密拍摄。在这样密切的跟踪下，孙敬闵掌握了这只穿山甲两次分娩和育幼时的数据，这是目前这个领域内最珍贵、最全面的一手信息。这只雌性穿山甲分别在2014年和2015年年底两次生产，在分娩之后，雌性穿山甲会在这个分娩洞穴中居住超过1个月的时间（分别是32和35天）。在前面关于洞穴的章节中我们了解到，穿山甲在夏季几乎天天挪窝，在冬季虽然偶尔也会出现长时间住一个洞的情况，但大多数还是几天就换地方。因此产后的第一个洞穴应该对穿山甲妈妈来说意义重大。

不过在这份观察中，台湾的穿山甲似乎既没有特意去挖新的洞穴，也没有选特别隐蔽的地方。之前，我们就了解到，台湾的穿山甲似乎有着大量的祖传“公寓”，而且这些公寓的选址没有什么特别多的讲究，有的甚至就在人类活动范围的隔壁。当穿山甲妈妈要生产时，差不多也就是在自己常活动的范围里找了一个洞，没有发现太多特殊的地方。

另一方面，穿山甲妈妈会为生产和育儿准备大量的杂草，它会提早把杂草搬进洞里，有时候一个晚上会花40多分钟做这件事。杂草对穿山甲来说是很重要的物资，既可以挡住洞口，增加洞穴的隐蔽性，也能有效地起到保温的作用。穿山甲不擅长调节体温，妈妈必须为宝宝提前做好被子。台湾地区的穿山甲通常不会把觅食洞穴变成居住洞穴，所以不太能见到在居住洞穴里囤粮的状况。而在广东的观察中，专家们则推测，很多自带白蚁穴的冬季洞穴，可能是穿山甲为分娩和育幼储备的粮食，这样它们在最虚弱的阶段就不用出门了。不过这也只是一种猜想，还需要更多的观察数据。

分娩

在确定好“产房”之后，穿山甲妈妈会留在洞穴里，躺在自己铺好的杂草上，静静地分娩。在观察人工圈养的马来穿山甲时，它们的分娩平均需要200分钟以上，中华穿山甲的生产也需要几个小时的时间。和人类一样，中华穿山甲通常一胎只生一个宝宝，偶尔也会出现双胞胎。新生的穿山甲幼崽通常只有80～180克的体重，18～26厘米长，相比成年的中华穿山甲（5千克，90厘米）的体型来说，真的是特别小的一只。在出生的时候，宝宝已经有了完整的身体结构，包括爪子、尾巴和鳞片。不过，鳞片还是软的，一般是灰白色。大自然还为它设计了一个细节，宝宝在出生时，它的爪子会包裹在一种胶状的膜里面，这是因为穿山甲的爪子太过锐利，即使是小宝宝的也可能抓破妈妈的子宫和阴道，所以要给它套上一双“手套”。

大多数的动物通常都没有这么精细的保护机制，像是小猫、小狗、小鼠虽然也有着锋利的爪子，但通常在出生的时候，这些部位都还是软的，不会伤害到妈妈。羊膜囊也是一种可以有效保护妈妈身体的结构，虽然羊膜囊主要是保护和支持胚胎发育的，但它也一定程度上保护了妈妈。平时所说的“羊水破了”，指的就是羊膜囊破了，我们人类和其他很多哺乳动物包括穿山甲还有一些鸟类、爬行动物都有这个结构。

育幼

作为哺乳动物，穿山甲的幼崽很快就会开始想吃奶了，在自然情况下，穿山甲分泌乳汁的速度很慢，所以幼崽在一天中需要花费很多时间来吮吸。在喂奶的时候，妈妈会把它紧紧抱在胸前，只让它露出头部。妈妈整体上呈现出略带防备的姿态，以应对可能会发生的威胁，一旦察觉到危险，它会立刻把幼崽整个包裹起来。

穿山甲不会“坐月子”，在生产结束后一两天就会恢复外出觅食，尤其是台湾的穿山甲，它们的洞穴中并没有储存蚁穴，如果妈妈不出去找吃的，就都要饿肚子了。在孙敬闵的观察中，雌性穿山甲原本会在夜晚稍早的时候，比如19：00~22：00之间出发觅食，但为了让幼崽得到充分的保护，它们会在生产后延迟外出的时间，到午夜左右才出发，以确保所有的天敌都已经睡了，不会趁自己离家的时候来偷袭。

大约一个月的时候，穿山甲幼崽的鳞片会开始变深、变硬，也差不多是这个时候开始，妈妈会带着它一起外出。于是就会出现接下来这个经典的画面：穿山甲妈妈用它粗壮的尾巴驮着小小的幼崽，它们一起慢慢地在森林中穿梭。当宝宝可以开始和妈妈一起这样外出之后，它们就开始搬家了。不过和妈妈独居的时候不同，即使是搬家，它们也不会去太远的地方，还是会在一开始的产房周边，而且找到新家之后，也不会像以前那样搬得那么频繁，通常也要住到10天左右再挪窝。

11周的时候，幼崽会慢慢独立离开洞穴，开始探索家附近的一小块区域，它的挖掘和舔舐的天赋在这个时期就会逐渐显现。而到15周左右的时候，它们会在更大一些的范围里独立活动。不过别看宝宝已经能独立行走了，它还没有断奶呢。到4个月大的时候，穿山甲小朋友已经可以开始独立觅食了，它不会再动不动就要趴在妈妈的背上，只在换洞这种远距离行动的时候才会再让妈妈背着。不过穿山甲宝宝彻底断奶要等到它开始独立生活为止。

穿山甲宝宝会在妈妈身边待5个月以上才会进入完全独立的生活，在此之前，幼崽每个星期会长长1.2厘米左右，当它离开妈妈身边的时候，会从一开始的20厘米左右生长到50多厘米，体重也会从开头的100多克快速地达到2千克以上。

雌性穿山甲对幼崽有着天然的母爱，它们通过改变自己的生活习惯去照顾这些孩子，遇到危险的时候会用自己的身体裹住宝宝。

学会当母亲

虽然穿山甲是独居动物，平时看上去没有太多的同胞之爱，但是雌性穿山甲对幼崽有着天然的母爱。它们耗费时间和精力，改变自己的生活习惯去照顾这些孩子，在遇到危险的时候也会用自己的身体裹住宝宝。在野外，如果一只雌性穿山甲在育幼的阶段不幸去世，其他的雌性穿山甲会把它的宝宝当作自己的孩子那样继续抚养，直至成年。

有个十分有意思的现象，研究人员发现，穿山甲的母爱或许是后天习得的。在台北动物园里，有一些穿山甲是完全由人工培育的，它们一生中从未在野外生活过，也没有得到过自己母亲的照顾，而当它们在园里生下宝宝后，并没有像人们想象中那样，立刻承担起妈妈的角色，它们对自己的孩子似乎没有萌生出什么感情。这么看来，穿山甲在野外虽然是相互远离的独居关系，但大自然也让它们激发出这种本能的感情。那么，在育儿的过程中，雄性真的就一点也没有参与吗？总的来说可能是的。尽管在研究当中，育幼的阶段里，雌性穿山甲的周围会出现雄性的身影，不过，它们似乎不是冲着孩子来的。

自然界为什么流行“丧偶式育儿”？

在野外观察中，雌性穿山甲会出现一种“产后发情”的现象——在生育后一两周再次进入发情状态，吸引附近的雄性，在观察时会以为这是“爸爸”也来照顾新生儿了。事实并非如此。产后发情在野生动物中并不罕见，这样的生理特性可以让繁殖周期加速，增加繁衍的机会。有些雌性个体会在产后发情的阶段再次怀孕，因此，理论上说，穿山甲可以一年繁殖两次，在野外调查时确实出现过，一只雌性穿山甲同时在抚养一大一小两只幼崽。

还有一种情况下，雄性也会出现，就是当雌性穿山甲在冬季产子，到了第二年的5—6月时，虽然宝宝还没有实现独立，但是这只穿山甲又进入发情期了，那就又可能会吸引雄性靠近，穿山甲妈妈一边带孩子，同时又怀孕的现象并不少见。所以总体来看，就算雄性出现了，也是为了完成交配，一般好像不会为育儿出什么力。很有意思的是，在孙敬闵的观察中，曾经出现过一只雄性穿山甲，它一开始似乎是为了交配前来的，但当它走的时候，它把洞穴给“修缮”了一下——重新挖了一部分，这个行为至今没有合理的解释，但看上去给人一种雄性穿山甲来帮助一对母婴“装修”房子的感觉。

在自然界中，这种单独由母亲抚养的现象是十分普遍的，尤其是对于哺乳动物来说。我们人类对于两性关系和育儿方式会有道德上的评判，但对于动物来说，这更多是一种策略。据称，现在的哺乳动物中，只有3%是由双亲共同抚养长大，其余都是与穿山甲类似的抚养模式。雄性主要负责四处交配“播种”，而雌性负责生儿育女，雌性在择偶上会更加谨慎。许多生物学家认为，这种策略让种群可以大量繁殖，尽管雄性在育儿过程中的缺位可能会导致幼崽死亡率较高。

与之相反，一夫一妻共同抚养孩子的模式最常出现在鸟类中，比如企鹅、天鹅等。许多幼鸟的成长过程中，父母缺一不可，缺少任何一方都会导致下一代的死亡，这就使得鸟类在繁殖策略上选择少而精地抚养自己的后代，父母都会花费更多的心思，让幼鸟尽可能都能活到成年。因此，这两种策略各有各优势：一种是数量多、生存率低；一种是数量少、生存率高。除了这种中性的策略假说外，近年来还有一种更加消极的假说，叫作“逃逸竞赛”，它指的是自然界中的动物在面对繁重的育儿责任时，也会产生“想逃走”的感觉，但对于雌性哺乳动物来说，胎生、哺乳的特点使养育的任务完全落在了它们身上，丝毫没有分担给雄性或者甩手不干的机会，因此现有的育儿方式也几乎无法撼动。

种群繁殖问题

生物学中有一个现象，叫作阿利效应（Allee effect），它指的是种群的适应程度与种群的规模呈正相关，换句话说，在符合阿利效应的种群中，规模越大，整体的生存能力就越强。这看上去好像很符合常理，但自然界中并不总是这样，有的种群在环境中密度过高，导致食物不足、竞争过于激烈，它们的身体就有可能会主动“阉割”自己的生育能力，使增长率降低。

而阿利效应说的则是另一个极端，当种群密度下降至某个临界值之后，会因为分布过于稀疏而导致增长率下降。在独居的情况下，它的表现就是因为个体之间都离得太远了，以致找不到可以交配的对象，使增长速度变得越来越慢，陷入濒危境地。

中华穿山甲面临的一大困难就在这里，早在2004年时，我国境内穿山甲栖息地中每平方千米就只有0.001～0.05只穿山甲了，而雄性穿山甲的活动范围也不过才1平方千米，在这样的条件下，要怎么才能使种群繁衍呢？

而在中国台湾的穿山甲聚集地中，不乏种群密度超过每平方千米10只的案例。从数量上来说，这固然是一个令人欣喜的局面，但这里的穿山甲种群也面临着其他的问题。我们又要再一起前往鸾山，在2009-2013年间，另外一组研究人员在这里选定了10平方千米面积，收集了其中54只穿山甲的血液样本来分析遗传信息，这54只穿山甲中，有雌性25只，雄性29只。把这54只穿山甲两两排列组合，可以构成1431对关系，在分析了它们的遗传信息之后，研究人员发现，虽然其中80%的配对是没有血缘关系的，但是剩下的20%都是亲戚，其中有6对亲子，107对同父异母或者同母异父的半手足，以及166对亲生兄弟姐妹，其中可能还存在亲子间的近亲繁殖情况。

这份研究最终计算的结果是令人担忧的，它得出的数据表示，鸾山地区的穿山甲族群存在着近亲交配的倾向，会严重影响遗传多样性，可能会使不良的隐性基因表达，长远来看会导致种群的适应能力降低，最终走向近交衰退。

鸾山明明有这么高的穿山甲密度，为什么还会出现近亲繁殖的趋势呢？其实这跟当地栖息地的条件有一定的关联。鸾山中的部分栖息地较为碎片化，碎片化背后的原因一部分来自它原本的自然条件，比如孤立的山脉；但还有很大一部分原因就是，人类的生活割裂了穿山甲的栖息地，造成一定程度的地理隔离，不同区域的穿山甲之间互不交流，而且这种碎片化还可能会导致局部的穿山甲族群密度过高。

我亲爱的另一半，
你在山的哪一头……

危机四伏的内外疾病

在野外的生活会充满各种危机，
即使拥有一身坚硬铠甲的穿山甲也不能例外。
除了外在的被动攻击或兽夹的伤害，
还有内在的各种疾病或者感染，
让穿山甲饱受生存的考验。

每一条生命都是从令人喜悦的诞生开始，孩子们在好奇和兴奋之下探索着这个世界。而时光流逝，伴随着成长和独立的，是更大、更丰富、更刺激的世界。同时，我们也不得不去面对生命中伤痛、沉重的部分，穿山甲也不例外。作为一种野生动物，伤病是穿山甲的必修课，也是开展动物保护必须深入研究的一部分。

由于收集穿山甲在野外的数据有着种种客观上的难度，现在关于伤病的观察和研究大多都来自保护站救助的穿山甲身上，各种各样的原因让穿山甲被热心的民众送往保育机构。其中有一小部分十分幸运，在经过检查之后发现没有任何的健康问题，可以放心地送回家去，但很多就没有这么好的运气了。

外伤

根据一份系统性的调查统计，1993年至2009年间，在台湾地区，有117只野生穿山甲被送往了特有生物研究保育中心野生动物急救站，通过研究这些病例，我们可以从较为宏观的角度了解到穿山甲面临的主要伤病问题。

在这些病例中，有51.3%的穿山甲是因为外伤被送往急救站。外伤的原因有很多，其中七成左右都是因为山林间的捕兽夹。尽管偷猎穿山甲的行为在台湾已经十分少见，但是山林间依然存在一定数量的捕兽夹。非常不幸的

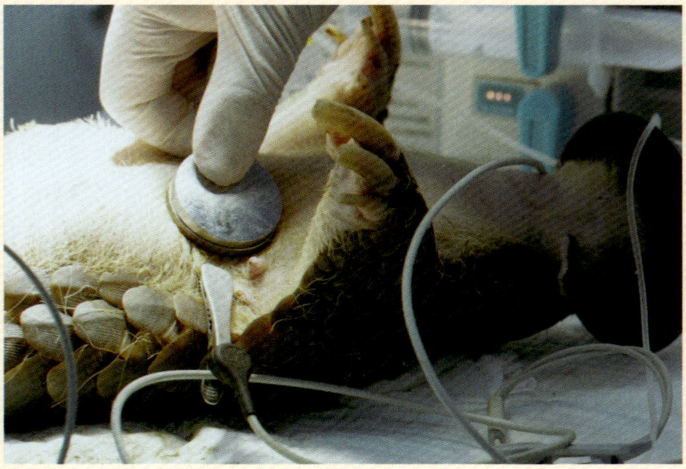

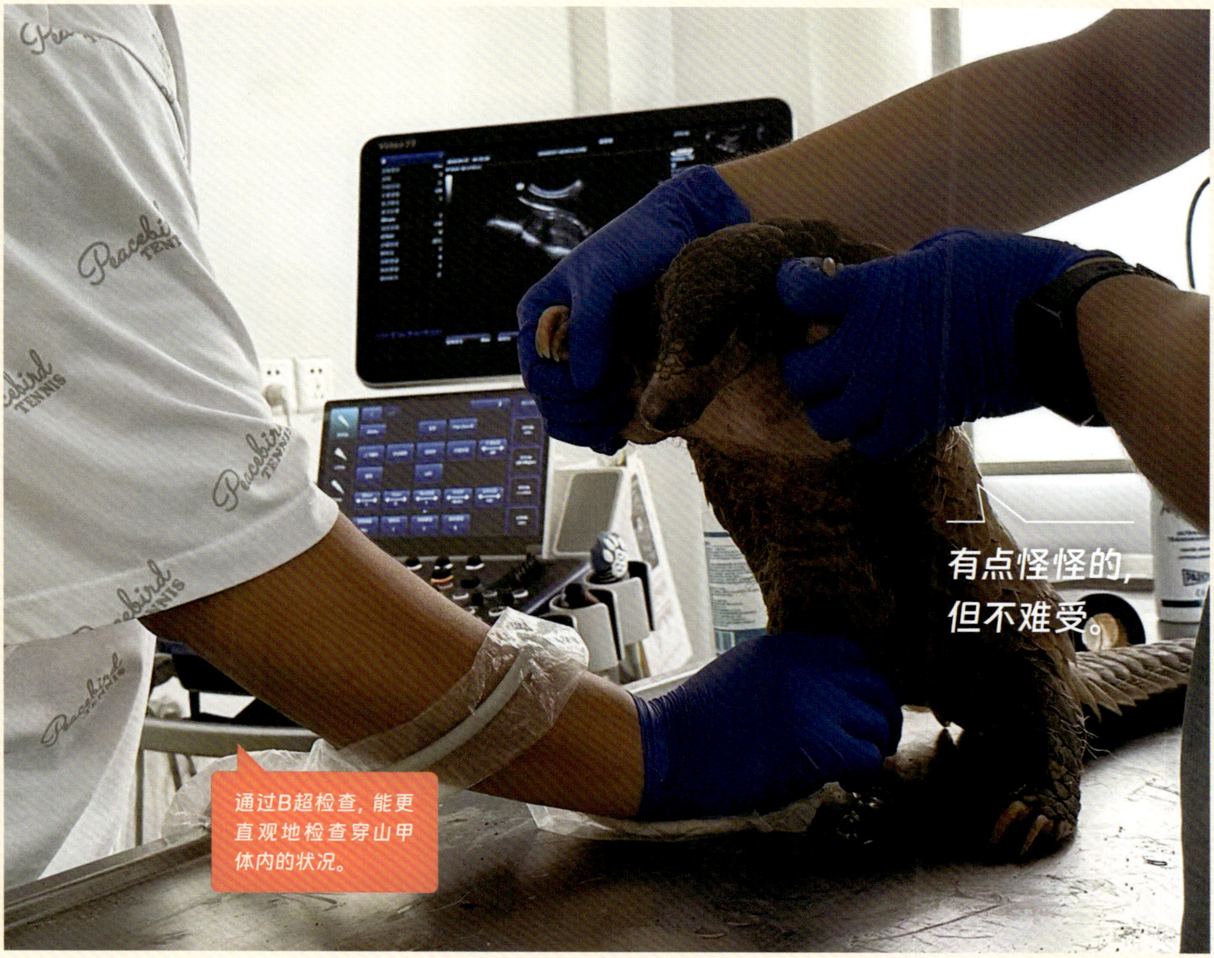

是，捕兽夹造成的伤害往往会严重影响穿山甲的日常生活，被送往急救站后，这些穿山甲也很难在救治之后回归山林，只能继续圈养。

外伤中有10%的案例是被动物攻击导致的，在野外生活遭到其他动物攻击原本也不是什么奇怪的事情。但近年来，穿山甲的生活环境中出现了前所未有的动物威胁。由于栖息地丧失和碎片化，导致穿山甲离人类生活的范围越来越近，于是它们的环境里出现了野狗、猎狗等。虽然穿山甲的鳞甲可以抵御狮子的利齿，却未必能抵挡犬类灵活的爪牙，只要野狗花上一些时间，就能够找到鳞甲上的突破口，会对穿山甲造成不同程度的咬伤。

在2006-2017年间，裴家骐、孙敬闵、林敬勋等穿山甲专家所在的屏东濒危野生动物救护中心一共救治了131只穿山甲，其中更是有73%的穿山甲都是因为外伤而需要救治，捕兽夹和犬伤也是最大的两类成因，而犬伤的比例已经攀升到了20%左右。这份调查重点关注了外伤对穿山甲的影响，没有涉及疾病等方面。

而在第一份调查中，117只穿山甲里还有16.2%是因为营养不良，3.4%是因为疾病。营养不良很多时候也和栖息地的丧失有关，没有足够的生存空间，穿山甲可能会找不到足够的食物。营养不良也可能是外伤导致的，穿山甲受伤后也没有其他的同类会帮它觅食。

尽管从野外送往救助站的穿山甲中，身患疾病的比例并不高，但有相当数量的穿山甲因为重伤而不能放归野外。当圈养这些野生穿山甲时，因为环境的改变，它们会比在野外更容易生病，因此研究穿山甲常见疾病的价值并不只在于一次性的对症下药。

呼吸系统疾病

之前的篇章里多次提到过，穿山甲十分不擅长调节体温，洞穴内的温度常年稳定在15℃～25℃之间，它几乎只能承受这样的温度。当环境温度低于17℃的时候，穿山甲就会开始流鼻涕打寒战。因此，不难理解为什么穿山甲会比较容易罹患呼吸系统疾病。

在健康的状况下，穿山甲就会经常流出鼻涕和类似于眼泪的分泌物，如果它处在应激的状况下，就会越发“涕泗横流”。

肺炎是穿山甲常见的呼吸系统疾病，而且病情通常十分凶险。在患病期间，穿山甲会流脓鼻涕和脓眼泪、打寒战、吞咽困难，甚至呼吸困难，特别严重的时候还会发生共济失调，严重影响行动能力。

如果一只穿山甲在送到保护站时已经患有呼吸道疾病，那情况就十分危险了。救护站有时无法提供像恒温箱一样的条件，因此，温度的变化可能较大。同时，陌生环境也会为谨小慎微的穿山甲带来巨大的压力。穿山甲在这种环境下的应激可能反而会抑制免疫系统的工作，进一步加重病情。穿山甲一旦进入了这样的“死亡循环”中，医护人员很多时候也是回天乏术。在圈养的案例中，肺炎是穿山甲死亡的主要原因之一。

消化系统疾病

另一大类的常见疾病其实也很容易理解，消化道疾病经常和情绪、压力密切相关，因此当穿山甲心情不佳或者感觉受到威胁的时候，就容易出现消化道疾病。常见的问题有消化道的黏膜出血、溃疡，可能会发生在比如舌头、食管、胃黏膜、肠黏膜等部位，有的时候还伴有严重的胃炎。当穿山甲被救护进入保护站的时候，新环境也可能让它应激，加重病情。除此之

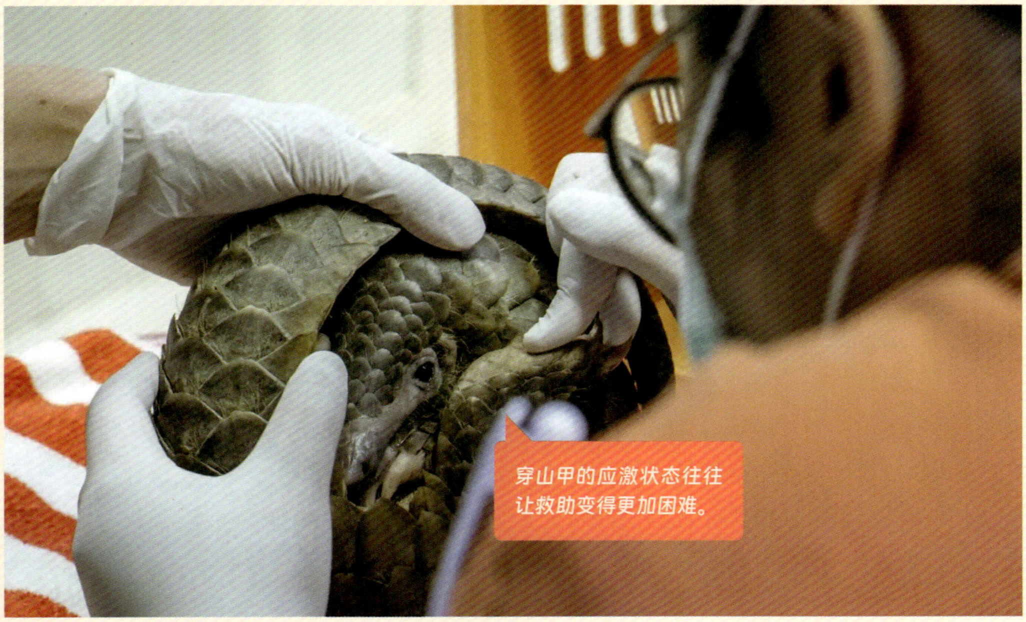

穿山甲的应激状态往往让救助变得更加困难。

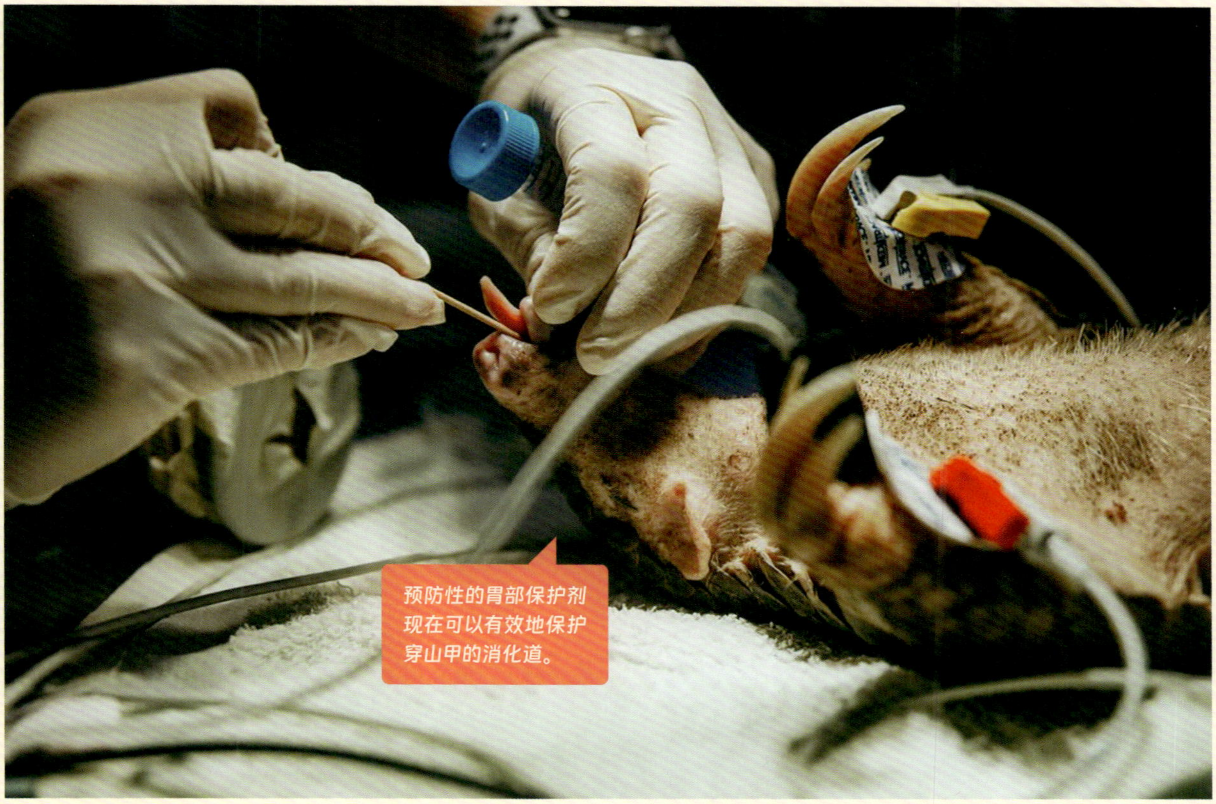

外，穿山甲的食性特殊，一定要为它配置特别的饲料，不然它可能会拒绝吃饭，这样会进一步加重病情。

不过好在，现在有了一些较为有效的干预方式，如果一只穿山甲处于高度应激的状态，那么工作人员可以为它使用预防性的胃部保护剂，在饮食中添加土壤也可以帮助它更好地消化，降低溃疡和炎症的发生率。

在饮食结构方面取得的科研成果也能帮助救护人员制作出更好的人工饲料。

寄生虫

对于野生动物来说，大多都会被寄生虫感染，并不算是很严重的问题，这也是为什么食用野生动物既违法，也是非常危险的行为。穿山甲携带大量的病原微生物，包括可能会导致腹泻、贫血的各种线虫和绦虫。

穿山甲身上还会携带蜱虫和螨虫，它们可不是昆虫，而是病原微生物。螨虫通常没什么危害，但在严重的情况下可能会引发皮肤疾病。但蜱虫就不同了，它会叮咬我们人类，通过血液传播一些疾病，是现在让人很头疼的一种致病源。蜱虫通常会藏在穿山甲的甲片下面，由于它携带的蜱虫种类很多而且有一些很特别，近年来许多研究推测，穿山甲或许在一些人畜共患病中扮演着中间宿主的身份。

穿山甲在野外可以和这些寄生虫相安无事地共生，它们在穿山甲身上、体内的数量也较为可控。一旦穿山甲进入压力很大的应激状态之后，各种各样的疾病就会随之而来。

所以总的来说，穿山甲最好的“良药”就是拥有安全、稳定、舒适的栖息地。

我的家人世世代代都生活在这里，
希望这片森林也能是孩子们的乐园。

更好的未来

现在，对穿山甲的偷猎行为已经在世界范围内得到了比以往更有效的控制，但这并不意味着穿山甲的生存环境就变得安全了许多。从之前的章节中，我们可以感受到，栖息地丧失与碎片化为穿山甲带去了诸多困扰。

森林砍伐、农田扩张、房屋修建、道路铺设，这些人为的因素都让原本深居山林的穿山甲不得不在夹缝之中寻找新家园。尽管事实证明，在不被打扰的前提下，穿山甲有着很高的栖息地适应能力，但是穿山甲的活动范围高达几十公顷，当栖息地被公路分割时，它们很有可能会穿梭于公路之间，这使得它们被车辆撞伤、撞死的概率升高；环境的污染、环境中的农药会使穿山甲更容易患上疾病；人类生活带来的野狗、猎狗成为穿山甲生活中的一大威胁因素；栖息地碎片化导致的交配困难以及近亲繁殖的趋势也让人感到担忧。

如何降低人类生活对穿山甲的影响是一个重要的课题。在这个方面，台湾省作出许多努力，一方面，为穿山甲设立多处自然保护区，另一方面，与穿山甲栖息地紧密相连的村落培养出了更好的野生动物保护意识，他们能够与穿山甲和谐共处，互不打扰，会在必要时将受伤穿山甲送往保护站救助，这些经验都是宝贵的。其实细看穿山甲的生活习惯，会发现这是一种极其温和甚至可以说害羞的动物。它从不发起攻击，默默地守护着森林，还为其他的动物提供了庇护的巢穴，它为幼崽倾注了所有的爱……这些细节都是动人的。如果我们能让更多人了解穿山甲的故事，想必也能唤醒人们爱惜、保护它们的意识。多么希望在这些努力之下，有一天我们也能再次在山林原野间与穿山甲不期而遇。

传承

学习挖洞以栖息，
学习寻找蚂蚁以果腹，
穿山甲妈妈尽力去抚养她的孩子，
因为终有一日小穿山甲会离开。

野归

人工环境下没有关于安全和食物的烦恼，
但穿山甲始终是属于大自然的，
小心翼翼地踏出重返大自然的一步，
勇敢地去迎接新的生活。

与穿山甲面对面

2020年6月3日，穿山甲所有种成为国家一级保护野生动物；2020年7月3日，国家林业和草原局依托广东省野生动物监测救护中心设立“国家林业和草原局穿山甲保护研究中心”。现在，这支将近40人的团队，正是我国走在穿山甲救护和研究最前沿的精英队伍，也是和野外穿山甲接触最多的人。华彦教授作为研究中心的首席科学家，他眼中的穿山甲是什么样的呢？

问：从宏观来说，穿山甲这个物种在大自然的生态系统中，是一个怎样的角色？

华彦：拿中华穿山甲来说吧，中华穿山甲广泛地分布在长江以南的亚热带和热带森林中，它的食物为白蚁和蚂蚁，这类昆虫对森林的健康和森林生态系统的循环又非常重要，太多了不行，没有也不行，而中华穿山甲恰恰就是平衡白蚁、蚂蚁与森林的关系的重要一环，因此，中华穿山甲也有“森林卫士”的称号。

问：在救护穿山甲的过程中，您曾遇到过什么印象深刻的事件吗？

华彦：穿山甲也和其他动物一样，具有伟大的母性。我们曾经救护了一只怀孕的雌性马来穿山甲，很快马来穿山甲妈妈就生了一只穿山甲宝宝。但遗憾的是，马来穿山甲妈妈没有奶水，小穿山甲如果短期内吃不到奶，活不过2～3天，我们的工作人员尝试人工哺乳，但小穿山甲太小，根本就不会吮吸乳汁，我们焦急得不行。

后来我提出，用保护研究中心一只处于哺乳期的中华穿山甲妈妈试一下，我们从来没有这样做过，也是拿捏不准，只是抱着试试的态度。但结果出奇的好，中华穿山甲妈妈一点都没有嫌弃，很快就把马来穿山甲的宝宝搂进怀里，承担起抚育两个宝宝的责任。

中华穿山甲与马来穿山甲毕竟是两个物种，在形态和习性上也有不同，但是母爱是可以跨过这些界限的，广东野生动物监测救护中心王志广主任形象地把这次试验形容为“穿山越海的母爱”。所以说，穿山甲是一类既神秘又让人着迷的可爱生灵。

问：在穿山甲的保护和研究上，您的团队取得了哪些进展和成果？

华彦：一方面，我们建立了新的野外调查技术方法，让野生穿山甲重现大众视野，另一方面也是调查技术的提高，我们研究团队建立第一个穿山甲野外种群监测的技术规程。我们也揭示了中华穿山甲在南方森林生态系统中扮演了“生态系统工程师”的重要角

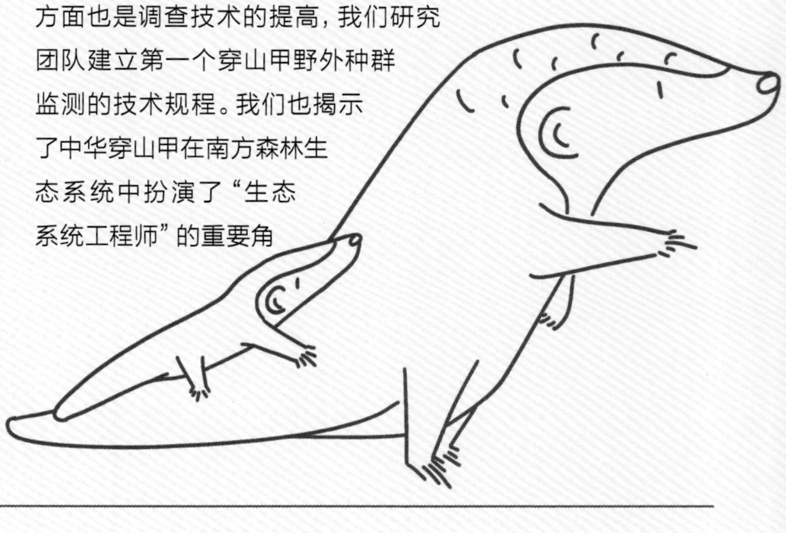

色，穿山甲的洞穴为其他物种提供了隐蔽所、食物等重要资源。我们建立的穿山甲救护技术体系也大大地提高了穿山甲的救护成活率，从一开始的不到10%提高到70%以上。

问：孙松博士，您给穿山甲洞穴“倒模”的做法令人印象深刻，请问您是怎么想到采取如此有创意的研究方法的呢？

孙松：读者朋友们，大家好。我是穿山甲保护研究中心的博士生孙松。在研究的过程中，我们发现，以往的科研工作者们对穿山甲洞穴真正的结构其实并不算十分了解，很少有人解剖过这些洞穴。少数尝试“解剖”洞穴的人其实也只是把它挖开，这样的方式很难让人准确复制出穿山甲洞穴的形状。

有一天，我看到施工队往建筑体的缝隙中打入泡沫胶，这种材料会膨胀至填充整个缝隙，于是我就想到，我们是不是也能用泡沫胶注入穿山甲的洞穴之中，等它膨胀、凝固之后再挖掘出来呢？在经过一系列尝试之后，我们终于得到了一批穿山甲洞穴的等比例模型。

问：在研究这些洞穴模型的过程中，您有什么有意思的发现吗？

孙松：我们在一些模型中发现了以往文献中没有出现过的结构。一般认为在冬季的巢穴中，挖掘扩大过的蚁穴就应该是洞穴的末端了，穿山甲可能会和小宝宝一起生活在这里。但在我们挖掘的其中一个洞穴中，在膨大的蚁穴后端，还有一段直径明显变小的部分。

从尺寸上来看，这应该不是成年穿山甲的手笔，我们猜测，这可能是穿山甲宝宝在洞穴内练习挖掘所留下的痕迹。

问：对于普通大众来说，为什么要保护穿山甲？我们可以做什么？

孙松：物种都是相互依存的，一个物种的消失会影响到其他的物种，它们在生态系统中都非常重要，发挥着不可替代的作用，保护穿山甲，就是保护我们自己。通过自己的一言一行，给穿山甲保护传递更多正能量，不食用穿山甲和使用穿山甲制品等都是我们每一个人应该去做的。

Q&A

以下哪里可能会出现中华穿山甲的踪迹？

A. 德国　B. 不丹　C. 印度尼西亚　D. 澳大利亚

在全世界中华穿山甲最多的地方，每平方千米大约有多少只穿山甲？

A. 20只　B. 12只　C. 6只　D. 1只

穿山甲的洞穴包括以下哪两种？（多选）

A. 居住洞穴　B. 交配洞穴

C. 觅食洞穴　D. 育幼洞穴

中华穿山甲在洞穴中可能会做哪件事？

A. 它太喜欢这个洞了，决定今年就住在这里

B. 它觉得在野外拉粑粑太不文明，要回家上厕所

C. 天有点冷了，它去外面找了点草回家当被子用

D. 它搬新家了，叫上好朋友一起来暖房

中华穿山甲出现在海南岛和台湾岛的可能原因有很多，但以下哪一种原因的可能性最小？

A. 板块运动不知不觉就过去了　B. 靠老鹰飞了过去

C. 因为太冷了爬了过去　D. 和鱼一起游了过去

在生态环境中，中华穿山甲所拥有的身份不包括以下哪一项？

A. 优秀房东　B. 林木保护员

C. 土壤搅动者　D. 社交小能手

理论上来说，一只雌性中华穿山甲一年最多能生几只小宝宝？

A. 4只　B. 10只　C. 1只　D. 3只

中华穿山甲的孕期长达多少天？

A. 150天　B. 250天　C. 350天　D. 都有可能

在穿山甲的活动范围中，每公顷有大概多少个洞穴？

A. 210　B. 110　C. 85　D. 150

在大部分的中华穿山甲栖息地中，每平方千米最有可能出现多少只穿山甲？

A. 0.1只　B. 1只　C. 0.001只　D. 5只

中华穿山甲挖的深洞有什么特点？

A. 只有一居室　B. 四季温度恒定

C. 有两个出口　D. 以上都是

中华穿山甲现在受伤、生病的最主要原因是什么？

A. 缺少食物而罹患消化系统疾病

B. 因气候变化、环境污染而罹患呼吸系统疾病

C. 被天敌捕食

D. 因人类活动而受外伤

为什么穿山甲从欧洲搬到了亚洲和非洲居住？

A. 欧洲太冷了　B. 欧洲下雨太多

C. 欧洲的天敌太强悍

D. 它们更喜欢亚洲和非洲的食物

中华穿山甲符合生态系统中哪一角色的定义？

A. 生产者　B. 消费者

C. 分解者　D. 好像都不太合适

中华穿山甲的宝宝在刚出生时就具备以下哪些身体部位？

A. 锋利的爪子　B. 柔软的鳞片

C. 大大的尾巴　D. 以上都是

中华穿山甲宝宝通常会和妈妈一起生活多久？

A. 1年　B. 1个月　C. 5个月　D. 200天

画图题：假如现在在广东乌禽嶂林区发现了一个中华穿山甲的冬季居住洞穴，里面还有两个白蚁穴，那么这个洞穴的结构可能是什么样的呢？

连线题：这说的是哪位环境卫士呢？你能把它们配对吗？

自然界的天才工程师	大象
把种子、花粉带去更远的地方	穿山甲
为森林“走”出一条生路	河狸
低调的蚁群调控者	鸟类

简答题：你还记得其他穿山甲的洞穴有哪些特点吗？你印象最深的是谁的洞？

选择题答案参考：B、B、A C、C、B、D、A、D、B、C、A、D、A、D、D、C；连线题答案参考：1→3、2→4、3→1、4→2；
简答题答案请参考P26文章《山体工程师的风水学》